U0230789

科学史学导论

（中译本修订版）

An Introduction to the Historiography of Science

[丹麦] 亨吉尔·克奥（Helge Kraph）著
任定成 译

北京大学出版社
PEKING UNIVERSITY PRESS

著作权合同登记号 图字:01-2020-4783

图书在版编目(CIP)数据

科学史学导论：中译本修订版/(丹) 亨吉尔・克奥（Helge Kraph）著；任定成译. —北京 ：北京大学出版社，2020.10

ISBN 978-7-301-31495-1

Ⅰ.①科… Ⅱ.①亨… ②任… Ⅲ. ①科学史学 Ⅳ. ①N09

中国版本图书馆 CIP 数据核字（2020）第 140044 号

书　　名	科学史学导论（中译本修订版） KEXUE SHIXUE DAOLUN（ZHONGYIBEN XIUDINGBAN）
著作责任者	［丹麦］亨吉尔・克奥（Helge Kraph） 著 任定成 译
责任编辑	唐知涵
标准书号	ISBN 978-7-301-31495-1
出版发行	北京大学出版社
地　　址	北京市海淀区成府路 205 号 100871
网　　址	http://www.pup.cn 新浪微博: @北京大学出版社
微信公众号	科学与艺术之声（微信号：sartspku）
电子信箱	zyl@pup.pku.edu.cn
电　　话	邮购部 010-62752015 发行部 010-62750672 编辑部 010-62753056
印 刷 者	大厂回族自治县彩虹印刷有限公司
经 销 者	新华书店
	650 毫米 × 980 毫米 16 开本 16.5 印张 230 千字
	2005 年 1 月第 1 版
	2020 年 10 月第 2 版 2020 年 10 月第 1 次印刷
定　　价	65.00 元

译者修订版前言

从1989年起，我先后在华中师范大学、北京大学和中国科学院大学开设科学史学课程（课程名称后来改为“科学史理论与方法”），使用的基本教材就是这本《科学史学导论》。起初使用的是英文版，后来我在每次课后把我的译文发给学生阅读。2005年，本书中文版收入吴国盛教授主编的“北京大学科技哲学丛书”，由北京大学出版社出版。中文版出版后，我在课堂上开始使用英文和中文两个版本，受到学生欢迎。据我所知，除了上述三所大学之外，还有一些大学选用本书作为研究生的科学史理论与方法课程的教材，也有对科学史学感兴趣的读者阅读此书。多年前，中译本就已售罄。现在北京大学出版社决定再版此书，应当会受到读者欢迎。

在教学过程中，我拟了61道思考题。其中，57道思考题是我针对本书各章内容拟定的。另外，我觉得科学哲学、科学建制社会学、科学知识社会学、人工智能四个领域对科学史理论和方法的影响也非常重要，而这些主题作者或者着墨不多，或者基本没有注意到。结合这四个领域对科学史的影响，我拟出了四道思考题，同时给出了建议阅读文献。教学实践表明，这些思考题对于辅助学生把握本书内容是有益的。此次再版，我把这61道思考题收进书中，希望它们有助于读者的阅读。

原著只有两章在正文中给出了不太严格的节标题，其余15章均没有分节。为适应中国读者的阅读习惯和思维方式，我抽取了每章要点列于目录和正文中的章标题之下。希望这些要点便于读者提纲挈领，把握要义。不确切之处，也请读者指正。

国内已经出版了不少一般史学理论和方法的著作，这些著作有助于学习科学史学，我在这里不一一列举。科学史学方面，除了我在初版后记（现改为译者初版前言）里推荐的一些英文著作和刊物之外，也建议大家阅读刘兵教授的《克丽奥眼中的科学：科学编史学初论》（增订版)。

现在是一个视角和方法制胜的时代,新的研究工具层出不穷。科学史学者大可不必受制于科学史学论著的论题范围,完全应该在这些论著的启发下,接纳一切可供使用的视角和方法,发现、分析和解决新的科学史问题。科学史研究中,科学方法的应用已经很常见,人文社会科学方法的应用近来也受到重视。席文教授的《科学史方法论讲演录》就是这方面的一本很好的导论性著作,篇幅不大,浅显易懂,我也推荐给大家阅读。

需要特别提到,在使用中英文两个版本进行教学的过程中,北京大学科学与社会研究中心和中国科学院大学人文学院的研究生对几处译文提出了疑问和意见。斟酌之后,我吸取了他们的意见,在修订版中对少量文字做了改动,另外增加了两处译者注。这次修订过程中,还发现英文原著中有年份错误和文献遗漏,我均作了补正,补正之处不一一标注。

读过本书第一版的读者会发现,本书作者姓名的译法在新版中发生了变化。这是因为初版作者姓名是按英语发音翻译的,而现在的修订版作者姓名是按丹麦语发音翻译的,两个版本的作者其实就是同一个人。2005年7月30日,袁江洋教授在白家大院食府设晚宴招待本书作者,邀我和方在庆研究员一同参加。席间,我向作者了解了他的姓名的丹麦语发音。现在,根据作者的丹麦语发音,我把他的姓名译名由原来的“赫尔奇·克拉夫”改为“亨吉尔·克奥”。

任定成
2020年5月10日
安河畔

译者初版前言

学习和研究科学史(包括技术史、医学史、农学史等)的人,总是会遇到诸如某位学者考证的史实何以可信、他或她对于史实的诠释是否妥当之类的问题。进一步深究,这些问题还会导致更多的相关问题,比如什么是科学史实,这些史实之间有什么关系,科学史学家应当如何诠释史实,等等。这些问题不仅科学史学家感兴趣,从事和学习科学哲学、科学社会学、科学技术政策、科学与公共政策、文明史、社会史的人,乃至涉及科学史领域的任何人,都会感兴趣。这些问题叫作科学史学问题。

科学史学与科学史有区别和联系。大致说来,科学史(history of science)有两种含义:一是指科学发展的实际过程,二是指对这个过程的描述和研究。类似地,科学史学(historiography of science)也有两种含义,一是指上述第二种意义上的科学史,二是指对第二种意义上的科学史的研究。更简单地说,科学史主要是对科学的历史现实的研究,科学史学主要是对这种研究的反思和进一步研究。科学史学涉及的主要方面是科学史学史(包括对科学史作品、科学史学家、科学史思潮的分析等)、科学史依据的理论、科学史的研究方法等。

科学是国际性的事业,以科学为研究对象的科学史也是国际性的事业。我这样说,并不是说科学史的研究对象可以没有地域性的特征,而是说研究的规则、研究的基础、研究的成果是国际学术界共享的。在中国从事科学史教学和研究的人不少,每年出版的科学史书籍也很多。但是,这些科学史书籍中,以讹传讹的东西实在太多了。究其原因,最基本的就是缺乏初步的材料甄别能力,甚至不知道到哪里找材料。我在为一些刊物审稿时常常感到纳闷,研究拉瓦锡或者道尔顿的论文不引用这两位化学家的著作(须知他们的主要著作早已译成了中文),不清楚与论文相关的国际刊物有哪些,不知道自己的论文中说的东西别人说过没有。更有意思的是,还有些论文把现代教科书中的化学反应式(例如氧化反应的反应式)说成是拉瓦锡提出来的。这些论文的作者居然能够勇敢地投稿,并且往往还要在论文中特别说明,这是他或她的"研究成果",在论文中"发现了"什么什么的。一些学术刊物,居然还发表了不少这样的论文。论文的情况已经如此,科学史书籍的情况就更可想而知了。

我不希望我自己和我的学生干这种事情,想找一种有效的办法帮助避免在我们身上发生这类事情。于是,我们在课堂上,找了些材料来读,找了些例证来分析,但是收效不大,总觉得说不透。1988 年,读到克奥的这本《科学史学导论》,突然觉得这就是我希望与学生一起读的书。从 1989 年开始,我为研究生开设了科学史学课程,主要就是阅读和讨论克奥的这本书。我先把各章译出来但是事先不给学生看,让学生直接阅读原文并在课堂上讨论,每章讨论结束的时候我把我的译文发给学生。学生课后对着原文、我的译文和他(她)们自己的译文再过一遍,并阅读一些相关的材料,觉得有些收获。其中有两章译文已经分别发表在 1992 年的《哲学译丛》和 1997 年的《现代外国哲学社会科学文摘》上。

本书作者亨吉尔·克奥是丹麦奥尔胡斯大学科学史系教授、国家科学史与科学哲学委员会主席、皇家科学与文学研究院院士,欧洲科学院院士,国际科学史与科学哲学联合会现代物理学委员会主席。他生于 1944 年,1970 年毕业于哥本哈根大学。大学期间主修物理学,辅修化学。曾在美国康奈尔大学任物理系和历史系副教授,1995 年起在挪威奥斯陆大学任科学史教授,1997 年起任奥尔胡斯大学科学史系教授。迄今已经发表和出版相关作品 200 余篇(部)、学术书评 100 余篇。他用英文出版的著作,除了本书外,还有《狄拉克:科学和人生》(*Dirac: A Scientific Biography*, Cambridge University Press, 1990)、《宇宙学与论战:两大宇宙理论的历史发展》(*Cosmology and Controversy: the Historical Development of Two Theories of the Universe*, Princeton University Press, 1996)和《量子世代:20 世纪物理学史》(*Quantum Generations: A History of Physics in the Twentieth Century*, Princeton University Press, 1999)。

本书主要通过综合性地描述、批判和评论重要的科学史学观点和方法,介绍现代科学史中的方法论和理论问题,被一些书评作者认为是弥合一般史学和科学史学之间的鸿沟的导论性著作。本书的内容梗概和写作起因，作者在他自己作的两篇序言中都交代了，此处不赘言。需要补充说一句的是，作者在书中分析了许多重要的科学史现象（如预觉、形式化等）、科学史研究个案（如伽利略实验、道尔顿原子论、相对论与迈克尔逊实验的关系、脉冲星研究史方面的个案）以及科学史学家的重要论点（如不变性论点等），这对于我们了解科学史的发展是很有帮助的。

这本书虽然是10多年前写的，但是直到现在还广受欢迎，原因之一就是它是一本综合性的导论著作，其中涉及的基本内容在一个相对长的时期内比较稳定。当然，这10多年来，科学史学有了很多发展。有兴趣的读者可以进一步阅读三位希腊学者合编的《科学史学趋势》(Kostas Gavroglu, Jean Christianidis, and Efthymios Nicolaidis, eds., *Trends in the Historiography of Science*, Kluwer Academic Publishers, 1993)，以及一位丹麦学者编的《当代科学技术史学》(Thomas Söderqvist, ed., *The Historiography of Contemporary Science and Technology*, Harwood Academic Publishers, 1997)两本书。当然，英国的《科学史》(*History of Science*)是最能反映科学史学新进展的学报。

译述中有一些技术性问题，例如intellectual(智识的)、approach(进路)、perspectivism(视角主义)、presentism(当下主义)、prosopography(群体志)、anachronism(时代挪动)等的译法，由于我都找了我认为是当下最好的根据，全书译法始终统一，而且在作者的上下文里已经有了相应的说明，所以就不在这里细谈了，读者阅读的时候就能够明白。

我要感谢克奥教授，他帮我解决了我不能确定的5个词或词组的意思；感谢佐佐木力教授和周程博士，他们师生二人帮我解决了一个韩国人和两个日本人的姓氏的译法；感谢任安波同学帮我完成了录入参考文献这件最枯燥无味的工作。我特别要感谢修我这门课程的历届研究生，他(她)们对于在我的译文中找毛病有一定兴趣，特别是近几年在读的研究生，不论是科学技术史专业的还是科学技术哲学专业的，更是对此充满着热情，而我也从中受益，因为他(她)们确实帮我更正了其中的一些错误。

任定成

2003年7月28日

承泽园迪吉轩

2005年本书中文版出版以后,我又见到作者还独立撰写了另外10部英文版著作并已经出版,内容涉及宇宙学史、物理学史、地球物理学史和化学史。这10部著作分别是:《朱利叶斯·汤姆森:化学中的生命与超越》(*Julius Thomsen: A Life in Chemistry and Beyond*, Det Kongelige Danske Videnskabernes Selskab,2000)、《物质与精神:现代宇宙学的科学和宗教前奏》(*Matter and Spirit in the Universe: Scientific and Religious Preludes to Modern Cosmology*, Imperial College Press,2004)、《和谐概念:从神话到加速宇宙:宇宙学史》(*Conceptions of Cosmos: from Myths to the Accelerating Universe: A History of Cosmology*, Oxford University Press, 2007)、《丹麦千年科学史》(*Science in Denmark: A Thousand-Year History*, Aarhus University Press,2008)、《熵的创生:热力学和宇宙学的宗教语境》(*Entropic Creation: Religious Contexts of Thermodynamics and Cosmology*, Hampshire, 2008)、《高端推测:物理学和宇宙学中的宏大理论与失败的革命》(*Higher Speculations: Grand Theories and Failed Revolutions in Physics and Cosmology*, Oxford University Press, 2011)、《尼尔斯·玻尔与量子原子:1913—1923年的玻尔原子结构模型》(*Niels Bohr and the Quantum Atom: the Bohr Model of Atomic Structure*, 1913—1925, Oxford University Press, 2012)、《宇宙大师:与过去的宇宙学家对话》(*Masters of the Universe: Conversations with Cosmologists of the Past*, Oxford University Press, 2015)、《别样宇宙:狄拉克的宇宙学和地球物理学遗产》(*Varying Gravity: Dirac's Legacy in Cosmology and Geophysics*, Birkhäuser, 2016)、《从超铀元素到超重元素:辩论与创造的故事》(*From Transuranic to Superheavy Elements: A Story of Dispute and Creation*, Springer, 2018)。此外,他还与人合写了著作、合编了工具书和论文集,这里就不一一列举了。从这些著述可见,克奥教授是一位很勤奋的著者,在科学史研究中很有经验,其治史的态度、理论、方法和经验是值得学习的。

在本书中文版首次出版之后,湖南科学技术出版社2009年还出版了克奥教授另外两部著作的中文版。一部是洪定国先生翻译的《量子世代》，另一部是肖明、龙芸、刘丹三位译者合译的《狄拉克：科学和人生》。两书都把作者的姓名译为“赫尔奇·克劳”。请读者注意，这是同一位作者姓名的不同译法。

此前言原为译后记，现改为初版前言，少量文字略有调整。

感谢本书责任编辑唐知涵女士提醒我补充克奥的新著信息。

译者

2020年5月10日补记于

安河畔

中文版序

本书由剑桥大学出版社1987年出版，两年后出了简装本。1991年和1994年重印之后，长时间没有再印了。有幸的是，2003年出了数码版。本书已经由英文翻译成西班牙文、意大利文和葡萄牙文，现在又被译成了中文。我高兴的是它现在被广大的中国读者所利用，感谢北京大学任定成教授的翻译。

写这本书起初是因为我需要自学。由于受的是物理学训练，而且没有历史及其方法方面的背景，我觉得需要理解科学方面的史学问题；然而，使我惊奇的是，我发现居然没有任何一本关于这个科目的书籍。所以，我就自己写了一本。我认为，这本书在许多科学史课程中起着教科书的作用。1987年以来，科学史有了大发展，史学本质也有许多新发展，但是，几乎仍然没有系统涵盖这个科目的书。当然，我的书没有涵盖新的发展，而且理应重写而不仅仅是重印。然而，尽管它在某些方面有那么一点点显得过时，但是我相信它仍然是一部有用的科学史学导论。

亨吉尔·克奥

2003年6月

英文版序

本书的主题是论述我所认为的科学史学要点。我认为，对于任何严肃的科学史研究来说，不论其研究的领域或时期是否特殊，我讨论的许多问题几乎都十分重要。当然，就特定的进路、学科和时期而言，还存在着特定的史学问题。大多数这类问题我都不加论述或者只是简略地提及。例如，1500 年以前的科学只在书中零散地提了提，科学社会史与科学建制史所特有的问题也着墨不多。除了这些限制外，还有其他重要问题我也没有讨论，因为它们与本书的主题只有间接的联系。这些问题包括关于科学历史发展的各种哲学基本观点，诸如库恩(Kuhn)、拉卡托斯(Lakatos)等人的史学理论，以及所谓科学发展的驱动力问题。

本书的结构如下。第一章勾勒了科学史前史的轮廓，与本书的其他部分没有什么联系。第二章至第七章论述一般史学的本质问题，介绍历史理论之于科学史的应用。科学史作为一门历史学科，经得起在一般历史中同样有效的那些理论见解的检验。这门学科的研究者，无论他们是作为科学家还是历史学家被培养的，都应当熟悉这些见解。第八章至第十章讨论一般科学史学中的某些基本问题。这包括分期问题、意识形态的功能问题，以及历时史学与移时史学之间的张力问题。本书的其余部分论述科学史料的批判性使用和分析以及相关问题。尽管对于任何历史学科来说，对原始资料的分析本质上都相同，但是就某些方面而言，科学史学家所面临的是他的领域所特有的问题。问题之一便是历史的实验重建的可能性。最后两章对量化科学史的形式做了批判性考察。

琼·伦德斯克耶尔-尼尔森(Jean Lundskjær-Nielsen)把以前的丹麦文版译成了英文。本书得到了丹麦人文研究理事会的赞助。我对此十分感谢。本书还曾受益于我不知名的两位审阅人所提出的各种建议和批判性评论。

亨吉尔·克奥

1986年6月

目　录

第一章　科学史发展概貌

古典形式的科学史—新科学兴起时期的科学史—科学史作为科学的工具—乐观主义和浪漫主义的影响—归纳主义科学史—实证主义科学史—职业性科学史

尽管科学史作为一个自主的学术性学科只是在20世纪才得到发 1
展，但是，也许可以正当地说成是早期形式的科学史的那些活动，却已经进行了若干世纪。历史的描述和分析总是跟随着科学的发展。的确，甚至以前对于科学史的某种肤浅考虑也告诉人们，现代科学史中讨论的许多史学中心问题在更早的世纪也能够遇到。

在科学发展的大多数时期，都是把科学史作为完全不能与科学加以区分的一种历史传统的一部分来认识和修习的。尤其是在古典时代和中世纪，通常的科学修习形式必须包括与更早的思想家有关的内容。人们对古典著作加以批判评注和分析，以此作为新思想的出发点，并对人们当时关心的问题有所贡献。当亚里士多德想就有关原子和虚空说些什么的时候，他的脑海中就会再现有关原子论历史的方方面面，并且开始与早就去世了的德谟克利特(Democritus)进行一场讨论。当一位希腊数学家打算解一道题时，很自然的方式便是从叙述那个特定主题的历史开始，人们认为叙述历史是该问题的一个组成部分。

古典史学家们首先和主要感兴趣的是同时代的历史，并不认为从某种历史视角考察更早的事件或发展很有价值。这种与时事有关，因此从某种意义上说与历史无关的态度,基于希腊人对批判历史方法的看法:相信唯一可靠的原始材料是目击者,即亲临所讨论的事件现场
2 的人,本身能够接受史学家盘问的人。作为这种态度的结果,希腊人的历史视角多半局限在个别的世代。

缺乏真正的历史视角还在于另一个因素,即盛行的时间观和靠不住的年表。对于希腊人来说,时间通常是循环的,或者就某个短时期而言是静态的。这种时间概念不赞成基本的历史发展观念,而按照基本的历史发展观念,现代的各种观念和事件都被看成是过去的动力学结果。希腊人没有给事件注明日期的传统,或者说对此不感兴趣,他们通常凑合着注明事件发生在“很久以前”。精确地注明时间并且按照年月顺序把各个事件加以排列,主要与某种线性的时间概念密切相关。一种线性的、动力学的时间观主要源于犹太教—基督教的思想,但是直到中世纪,它才在欧洲广泛流传。

我们有关古典形式的科学史知识,由于几乎完全缺乏最原始的材料而受到很大的局限。例如,我们知道生活在公元前4世纪的欧德摩斯(Eudemus)撰写了一部天文学史和一部数学史,但是这两部著作却失传了。我们所拥有的知识,主要来自后来活动于古典时期末或中世纪初的注释者们。其中一个例子是普罗克拉斯(Proclus,420—485),他写了一部对欧几里得数学进行历史阐述的著作。另一个例子是辛普里丘(Simplicius),他对亚里士多德的自然哲学著作做了详细注解,与此相联系,他还对更早的自然哲学家们所持有的观念做了说明。普罗克拉斯、辛普里丘等人所做的注释,可以合理地看作是后古典时期的科学史。

16世纪和17世纪,当新科学形成之时,历史仍然被认为是科学知识的一个必不可少的组成部分。从哥白尼(Copernicus)到哈维(Harvey),新科学的先驱们都认为,历史,尤其是古典史确实就与当时的科学进步有关。科学革命期间,古典权威们常常被当作意识形态争论中的敌

手。同时,历史起着论证新科学合法性的作用。借助于提及过去的伟大哲学家,科学也能够沾上一些高雅色彩。

从17世纪末开始,对古典权威的态度发生了变化。以牺牲古代
知识为代价去突出现代世界的知识,这种做法变得很平常。许多新科 3
学的先驱都受到新教观点的强烈影响:他们把古希腊的学问当作异端批判,并且要把科学追溯至始于希腊时代之前的《圣经》中的知识。只要不知道这样的知识,那就根据《圣经》去建构。在许多认为摩西具有洞察自然规律的天赋才能的人当中,便有赛纳尔(Sennert)、波义耳(R. Boyle)和牛顿(I. Newton)。(Sailor,1964,重刊于 Russell,1979,5—19 页;亦见 Hunter,1981)他们认为,原子论的存在不应当归功于异教徒和无神论者德谟克利特,而应当归功于先知摩西。这种观点促使原子论在17世纪带上社会权威的色彩。逐渐地,当人们认可科学凭自身的资格就有价值时,便没有必要把时代作为合法化的手段,提及伟大的先驱似乎也是多余的了。

约瑟夫·普里斯特利(Joseph Priestley)的《电学的历史与现状》(*The History and Present State of Electricity*,1767)以及《与视觉、光线和颜色有关的发现的历史与现状》(*History and Present State of Discoveries Relating to Vision,Light and Colours*,1772),很好地说明了对早期科学大加打扮的历史形式。这是两部有关当时前沿研究的开创性著作,不过还是以"历史"面貌出现的。许多人认为,历史发展是他们的科学中一个自然的部分,是对已经取得的成就和尚未解决的问题的清理。普里斯特利便是其中的一位。这样,历史在当时的科学中便被赋予了某种作用。法国天文学家和天文史学家让-西尔万·巴伊(Jean-Sylvain Bailly)的观点完全与普里斯特利一致,认为科学史是关于"我们已经做的和我们能够做的事情"的报告。(Bailly,1782,卷3,315 页)

对普里斯特利及其同时代人来说,科学史主要是一种工具,其价值

与当时正在进行的研究的进展有密切关系。(Priestley,1775,VI—VII 页)

> 我们获悉,伟大的征服者们通过阅读以前的征服者们的事迹,既受到激励,又在很大程度上得到塑造。为什么不可以期待哲学史对哲学家们产生同样的效果呢?既然如此,为什么不可以期待更多的东西呢?……既然如此,熟知人们在我们之前所做的事情即使不会绝对必然地,也会极大地促进我们将来的进步。科学的高级阶段比初级阶段更需要这些历史。目前,哲学发现如此之多,对它们的阐述如此分散,使得把人们已经得到的所有知识作为
> 4 自己探索的基础加以掌握,超出了任何人的能力范围。这种情况在我看来已经极大地阻碍了发现的进步。

作为这种看法的一个自然推论和该时期对进步的总的信念,科学史被毫不含糊地描绘成进步的历史。(Priestley,1775,XI 页)

> 我本人对电学家们的错误、误解和争论通常不予理会,而且我认为我一直在坚持这么做;……我倒乐意忘却一切无助于发现真理的争论。我确实敢说,绝不应当让后代知道在我特别喜欢研究的那些令人钦佩者之中,曾经有过任何诸如嫉妒、猜忌或者挑剔之类的事情。

当普里斯特利用科学史为同时代的科学服务时,其他人则把它用于有关正确方法论和新科学政策的争论。一个早期的经典例子便是托马斯·斯普拉特(Thomas Sprat)1667 年的《皇家学会史》(*History of the Royal Society*)。此书最重要的目的不是对皇家学会的建立做出客观的、历史的阐述,而是起一种论战和政治作用。1667 年,皇家学会作为一个正式的机构只存在了 5 年,但是它作为一系列非正式团体的工作和想象的结果,大约在 1640 年就形成了。新科学应当追求的方法、观念和组织形式,是 1670 年左右许多讨论的主题。斯普拉特的《皇家学会史》对这场争论是一个贡献,它所针对的是未来而不是过去。由于斯普拉特认为某些发起者[威尔金斯(Wilkins)、波义耳、培根(Bacon)等]就是皇家学会的精神先驱,他拒绝考虑其他人[特别是笛卡儿(Descartes)和伽桑狄(Gassendi)]的重要性。由于斯普拉特的

著作取得了权威的地位，它便规定了皇家学会将来所要遵循的科学观。皇家学会以及人们组织的与之有关的活动必须以经验主义的科学观为基础，而不是以笛卡儿那样的大陆思想家们所采纳得较多的演绎主义思想为基础。

应当注意，人们在17世纪和18世纪所使用的“历史的”这个词的意义与今天使用的意义不同。“历史现象”通常是指某个具体的、真实
的现象，“历史”的意思则只是对真实情况的叙述，而这些情况不必是 5
属于过去的。例如，培根所提到的将来科学必须研究的“历史”，便与具体问题或者研究领域有关。我们在“博物学”(Natural History)这个术语中保留了“历史”一词的这种意义。

对过去的研究实质上就是对重要性的研究，因而不是就当下而论所需要的对合法性的研究，这种真正的历史视角在19世纪之前几乎不存在。公认有个别思想家，尤其是意大利哲学家詹巴蒂斯塔·维科(Giambattista Vico，1668—1744)，强调了历史视角的价值。但是维科的思想在整个18世纪还是孤立的，该世纪突出表现出来的倾向只能描述成是反历史的倾向。启蒙运动时期把历史看成是在反对旧的封建秩序的斗争中取得进步的手段。只有新近的发展才是值得关心的，而过去则被普遍认为是荒谬、低级的。许多人相信，科学史研究有助于提高对科学思想如何形成的认识，莱布尼茨(G. W. Leibniz)便是其中的一位。他认为，科学史是对系统表述他和其他许多人所梦想的发现的艺术(ars inveniendi)所做出的贡献(Leibniz，1849—1863，卷5，392页)：

> 它对于开始了解伟大的发现，尤其是那些不是碰巧而是通过思考做出的发现的真实根源，大有裨益。其结果是，不仅科学史承认了每个人所做出的贡献(即确定客观的历史事实)，其他人受到鼓励去获得类似的名声(即起激励作用的伟大典范)，而且当人们通过杰出的范例找到研究途径时，发现的艺术便得到发展。

尽管关于发现的逻辑的想法逐渐受到了怀疑,但是科学史的示范功能——即现代研究能够从对早期研究的成败的历史阐释中得到借鉴——仍然是一个重要的主题。一个世纪以后,威廉·惠威尔(William Whewell,1794—1866)割断了与莱布尼茨所理解的那种关于发现的逻辑的想法的关系。但是,惠威尔也认为科学史的研究是为类似的理由进行辩护。1837 年,他写道(Whewell,1837,卷 1,42 页):

> 考察我们的先辈获得我们的智识遗产时所留下的足迹……可以教育我们如
> 6 何改善和增加我们的知识储备……并且给我们指出某种最有希望的模式,
> 指导将来的努力方向,使之更加广泛,更加全面。从人类知识的既往历史推
> 出这样的教训,原本就是导致当下的工作这样一个目的。

对进步和科学的强烈信念,是 18 世纪文化的特有品质,这在科学史作品中也得到了反映。在该世纪的最后四分之一时间内,出版了许多历史著作,包括有关个别学科发展概况的阐述、历史传记以及对较短时段的阐述。巴伊在 1775—1782 年撰写了一系列天文学史著作,哈勒(Haller)1771—1788 年出版了一套对早期科学家和医生的生平与著作进行历史分析的号称"文库"的集成。①

启蒙运动时代的科学史带有一种朴素的科学和社会乐观主义的印记,这种乐观主义并不能够认识到科学是一种特有的历史现象。那个时代科学史的长处在于年代学细节和对主题的概述,而不是历史反思。现代科学的突现被认为是欧洲人种所继承的对知识的渴求所致,这种渴求是唯一能够发现科学表达方式的一种品质,而科学表达方式则与反抗那些被看作是教会的压制权力的东西有关。科学一旦突现,就不会受到阻止,而会迅速达到极致。启蒙运动时代的许多哲学家——包括狄德罗(Diderot)、杜尔哥(Turgot)以及孔多塞(Condorcet)这样的显要人物——都认为物理学和天文学中已经达到了这种极致状态,只留

① Engelhardt(1979)中给出了更详尽的文献目录信息。

下细节要去填充。缺乏历史意识,也是盛行的认知观的结果,尤其是笛卡儿的理性主义思想,在许多领域被法国哲学家们所采纳。根据笛卡儿的认识论,认知纯粹是沉思性和理性的,是普遍的、与历史无关的抽象。理性本身不会依历史而定,这就取消了真正的思想史和科学史的基础。

18 世纪末在北欧自然哲学中得到传播的浪漫主义潮流,对科学史学也有影响。浪漫主义包含的历史感大体上要强于 18 世纪和 19 世纪的标准。较之别的东西,历史被认为是比较相对的,也就是说,每个 7
时期、每种文化的特殊价值和固有理性得到了承认。浪漫主义的思想家们对那种被称作**历时史学**的东西有一种清晰的理解,这种历时史学建立在认为应当在过去的前提下评价过去这一思想基础之上。例如,这在他们对于中世纪,诸如占星术和炼丹术之类非正统知识形态的同情态度上,便得到了反映。奥斯特(Ørsted)阐述了中世纪的自然哲学,对其进行了公开的批判,但是与 18 世纪反映出来的态度不同,这种批判表现出一定的同情态度。奥斯特说:“炼丹术不是随意盲目的,而是流行的物理学中绝对必不可少的一个元素。所有的自然哲学家都在寻找哲人石,因为当时不存在其他物理学而且没有其他物理学能够出现……”(译自 Ørsted,1856,122 页)

然而,主导的自然哲学(Naturphilosophen)培育出了一种以对时代精神的直觉和思辨洞察为基础的历史观。这是一种与浪漫主义时期末得到发展的批判的、系统的史学相反的观点。浪漫主义者们并不认为精确性、原始材料批判方法以及历史事实的可靠性是什么优点。亨里克·斯特芬斯(Henrick Steffens,1773—1845)教导说,这样的努力作为一种观念对历史是有害的。他写道:“有些研究历史的学者们觉得,他们顺着汹涌澎湃的历史之河,随着它的幽幽支流,一直走到污秽的水坑,才能够得到安宁,而这,就是他们所谓的原始材料研究。”(转引自 Engelhardt,1979,112 页)在其纲领性的《哲学演讲集》(*Phil-*

osophical Lectures)中,他提出了类似的批评,该书还向史学家和自然科学家介绍了一条整体论的进路。他有一段话谈到,对真正的哲学家来说,感觉或直觉把整个自然在时间和空间上连为一体(Steffens,1968,28 页):

> 我们借此便可以理解那些思维方式和外部存在状态与我们的时代完全不同的时代。如果我们埋头于此,我们就会放弃那种智识上的理性假定:把我们自己的时代及其思维方式当作衡量一切的规范;它将向我们提供过去隐而不露的各个时代的喉舌。

作为 19 世纪形成的科学生活职业化和组织化的结果,人们对科学史
8 产生了一定的兴趣。但这主要是对技术性和专业性问题的兴趣。日益傲慢的自然科学把它们与人文远远隔离开来,科学史与诸如哲学、文明史以及历史理论之类的领域之间出现了分裂。认为哲学能够向科学史学习而后者却没有什么要向哲学学习的感觉盛行起来。惠威尔便是一例,他嘲笑传统逻辑的例子,"就像探寻真理的笑柄一样无聊,就像同一个主旋律的胡乱变奏一样单调"。(Whewell,1867,186 页)

对科学方法以及科学可能获得成功的往往是过于傲慢的自信,伴随着 19 世纪的实证主义潮流,科学史采取了一种相对非历史的形式。由于认为科学方法是明确而通用的,历史视角便变得狭隘起来,兴趣也集中在同时代的科学及其直接前身上。伟大的化学家尤斯图斯·李比希(Justus Liebig,1803—1873)把这一点说得很明确:"如果在自然科学领域内**不可能**判断功过,那么在任何领域内都不可能判断功过,历史研究便成为一种空洞无聊的活动。"(Liebig,1874,256 页)

18 世纪和 19 世纪,科学家们通常在他们的著作中写有一个"历史导论",概述相应主题的研究史,把自己的工作置于该传统之中;同时,强调他们自己工作的独创性和意义。达尔文的"历史概述"便是一个例子,他把它收入后来各版《物种起源》之中。在这个概述中,他对从拉马克(J. B. Lamarck)的进化概念直到他自己的贡献,作了历史阐述

和评价。(Darwin,1872)这种历史导论对于现代史学家们来说,通常是值得注意的文献,当然,应当批判地阅读它们。它们反映作者的情况多于有关主题的历史情况。

艾萨克·托德亨特(Isaac Todhunter,1820—1884)撰写了一系列有关数学和物理学科的历史著作,他也许可以作为 19 世纪专题科学史学家的例子。(Todhunter,1861;1865;1873)这些给人印象深刻的著作单凭它们的范围和大量细节,在今天就仍然值得查阅;但是它们的技术水平使非数学家难以读懂,而且按照现代的标准,几乎不能认为它们是科学史。托德亨特的著作代表了大约已经存在了 200 年的 9
一种典型的科学史:职业科学家们撰写与他们自己学科的现状有关的历史。这些著作大部分都极为忽视(而且仍然忽视)历史视角,片面地倾全力于精确的专题阐述。仅仅只有几位杰出的学者能够把专业知识与真正的历史意识和历史知识结合起来。今天,这种巧妙的结合几乎不再存在了。

威廉·惠威尔有时候被描绘成第一位现代科学史学家,他试图对归纳科学的历史发展给予综合性的清理。(Whewell,1837;1840)在惠威尔看来,就他那个时期一般而论,科学是一种纯粹的欧洲现象,而不应该归功于其他文化或时代。但是对于科学为什么与欧洲思想有密切关系,或者它为什么在 16 世纪和 17 世纪兴起,惠威尔没有做出解释。他的目的与其说是在史境中理解各门科学,倒不如说是阐述对它们的哲学理解。原创的历史学术,例如原始材料的研究,就被置于惠威尔的计划之外,他的计划以综合地但有些随意地阅读同时代的材料为基础。他不仅把科学史作为论证哲学论点的一大堆例子,而且要以精确的科学方法论为基础,乃至从历史中引申出这样的方法论。他坚决主张,历史仅仅是科学哲学知识合用的原始材料。这种观点有时被认为是与“逻辑主义”观点相对的“历史主义”,按照逻辑主义的观点,逻辑标准决定科学哲学,而历史在原则上则是不相干的。惠威尔的同时代人、哲学家约翰·斯图尔特·穆勒(John Stuart Mill,1806—1873)坚持与逻辑主义很接近的立场。(Mill,1843;参见 Losee,1983)

惠威尔的科学史似乎是从哲学上定向的那种历史的典范,这种历史在该世纪的后期,尤其被那些受实证主义鼓舞的学者们所采纳和发展。马赫(Mach,1838—1916)、贝特洛(Berthelot)、奥斯特瓦尔德(Ostwald)和迪昂(Duhem)都是把专业见识与对科学史的哲学兴趣结合起来的杰出科学家。考虑到与历史无关的科学观后来成为逻辑实证主义的一个特点,早期的实证主义在其论证中积极利用科学史,这在某种意义上还是值得注意的。奥斯特瓦尔德对科学史的兴趣,反映
10 在他重印出版的物理学和化学经典论著丛书,即所谓"奥斯特瓦尔德经典著作"(Ostwald's Classic)丛书中。(Ostwald,1889)这套丛书始于1889年,迄今为止已经翻译出版了250余卷原始文献。奥斯特瓦尔德出版这么多卷丛书的目的,是让科学家们容易接近他们前辈的原始论著,使他们不致被迫去阅读这些论著的摘录或二手改写本。20年以后,卡尔·祖德霍夫(Karl Sudhoff,1853—1938)开始出版一套相应的医学经典著作丛书。(Sudhoff,1910)

科学、哲学与历史的整合,在奥地利物理学家和哲学家恩斯特·马赫身上表现得更加明显。马赫认为,历史方法最适合于透彻理解科学方法的目的。《力学》(*Die Mechanik*)可能是马赫最重要的著作,它代表了他的科学史观。① (Mach,1960)马赫的目的主要是哲学上的,因为他与过去的科学家们展开对话,通过对话批评他们的方法,发挥他自己的认识论和方法论。马赫对因果关系概念以及对牛顿时空观的著名批判,是他的历史批判方法的结果。这种方法向马赫表明,牛顿力学非但不是绝对和完美的,而且是"历史的意外"。马赫把他对于科学史功能的看法作了如下描述(Mach,1883;引自1960

---

① 马赫的科学史概念,见 Blüh(1968)和 Hiebert(1970)。

年英文版，316 页）：

> 我们亦将认识到，不仅后来被教师们接受和传播的各种思想对于历史地理解科学是必需的，而且研究者们被抛弃了的、暂存的思想，甚至那些明显错误的想法，也许都是非常重要、很有教益的。对一门科学发展的历史进行探索极为必要，以免深藏于其中的原理变成一套没有得到完全理解的命令，或者更糟，变成一套偏见。历史探索指出科学的存在在很大程度上是平常而又偶然的，这不仅有助于理解科学的现状，而且还会把可能发生的新事情带至我们的面前。从不同的思想途径得以交汇的观点出发，我们可以用比较自由的视角环顾我们的周围，并且发现前所未知的航线。

从 19 世纪中期开始，比惠威尔和马赫更富于历史意识的史学开始缓
慢地发展。这种情况的发生受到诸如黑格尔、浪漫主义以及柏林学派 11
[利奥波德·冯·兰克(Leopold von Ranke，1795—1886)、巴特尔德·尼布尔(Barthold Niebuhr)]发展起来的新历史方法之类的形形色色创始者们的影响。其中，兰克强调了历史知识的客观性和自主性，强调必须在过去本身的基础上而不是在当代的前提下理解过去。他还为原始材料的系统批判奠定了基础，并且提出了透彻研究原始材料和精确注明文献出处的要求。一般公认，新的科学的史学是针对该时期的历史职业——主要是政治史和外交史——而不是针对科学的，人们认为科学不是一门历史学科。不过，柏林学派的标准也影响了少数科学史学家。

可以举出一个例子，说明它在化学史学中的影响。赫尔曼·柯普(Hermann Kopp，1817—1892)批判了纯粹的按年代学的史学及其把化学中的一切进步都看成是按照某种线性标度直指现代的倾向。(Kopp，1843—1847)他的同时代人、法国化学史学家费迪南·霍费(Ferdinand Hoefer，1811—1878)同样相当多地使用了批判方法。[1] (Hoefer，1842—1843)他把自己的工作置于对原始文献研究的基础之

① Weyer(1974)中给出了关于化学史学的细节。

上,把医学史、艺术史和技术史方面的原始材料结合起来,并且对专注于进步的作品采取一种批判的态度。然而,霍费使用现代批判方法在19世纪并不具有典型性,当时还没有认识到像精确地注明文献出处以及区分一手材料和二手材料这样的基本要求的必要性。前面提到的马赫的《力学》,在这一方面就很典型。马赫的著作以综合性地阅读原始材料为基础,但在他的许多引文中,他并没有不怕麻烦地注明这些引文出自何处。

与以各门学科为中心的分析性历史相对照的,是强调科学的统一及其与社会和文化生活的相互影响的综合史。奥古斯特·孔德(Auguste Comte,1798—1857)与其实证主义纲领相一致,赞同这种科学史。1832年,尽管未能成功,但他呼吁在法兰西学院设立一个科学史教授职位:这样的职位,即世界上的第一个科学史教授职位,终于在1892年设立,并且授给了孔德的一位忠实信徒。[1] 这位实证主义之父写道(译自 Fichant and Pécheux,1971,52页):

> 只有现在,设立一个这样的教授职位才会有意义,因为在现时代之前,自然
> 12 哲学的不同分支尚不具备定形的特征,还未显示出它们多方面的联系。……在我们的这个认识阶段,人类知识就所涉及的实证部分而言,能够看成是一个单元,因此其历史随之也能够理解。但是科学史没有这种统一是不可能的,它力图使这种科学的统一更为完整,更加明显。

孔德的实证科学史纲领,就像他的许多想法一样,仅仅只是纲领而已。它仍然重要,部分原因是它后来对史学家的激励,部分原因是它包含了新的思想。例如,孔德强调了两种基本不同的介绍和理解科学的方法,他把这两种方法分别称为历史方法和教条方法。后者基本上是与历史无关的教科书方法,按照这种方法,一门科学学科与其他学科截然不同,而且要逻辑清晰地加以介绍。根据孔德的看法,这对于哲学

---

① 这位教授就是皮埃尔·拉菲特(Pierre Laffitte),他是巴黎实证主义教派的领袖,但作为科学史学家完全不称职。见 Paul(1976)。

和教学法上的道理来说是必需的,但无助于理解科学的真正本质。各门学科的专门的历史正好与这个目的不相适应,因为它们人为地把**各门科学**(sciences)的发展与**科学**(science)的发展,即历史方法唯一真正的对象割裂开来。(Comte,1830;译文载 Andreski,1974,52 页)

> 即使严格遵循所谓*历史*的说明模式,去说明各门科学的细节,这种模式在最重要的方面仍然会是假定性质和无实际意义的,因为它会认为那门科学的发展是孤立的。这非但没有展示那门科学的真正历史,反而在传播那门科学的历史时会给人们造成一种完全虚假的印象。当然,我确信科学史极为重要。我甚至认为,只要一个人不了解一门科学的历史,那么他就不完全了解那门科学。但是必须认为这样的研究与对科学的教条式研究完全不同,而没有教条式研究,历史亦会难以得到理解。

因此,按照孔德的看法,历史态度与教条态度的关系是辩证的:为了理解一门科学就必须理解它的社会学和历史;但是如果要理解其历史而又不让它堕落成为一大堆毫无生气的年代学材料,科学教条知识又是
必不可少的。教条的或逻辑的秩序对于历史诠释将会起一种理论框 13
架的作用。

孔德的科学发展观具有一种名副其实的历史视角。尽管孔德的哲学把实证主义科学作为其最高目标,追求进步,但是他并不认为炼丹术、占星术、神秘教义等仅仅只是错误,只是科学真理发展的障碍。例如,他注意到这一事实,即"黑暗的"中世纪在人类文化的发展中是一个必不可少的阶段,应当心怀好感地把它看成是它依据自己的权利而生存的一个时期。应当明白,这样恢复中世纪科学的地位,是在 18 世纪人们做出了巨大而成功的努力,把中世纪描绘成一个黑暗时代(temps ténébreux,或者如惠威尔后来所翻译的,是"一个午觉")这样一个背景下进行的。伏尔泰和法国百科全书派人物是进行这种描写的典型,因此他们强调新科学的独特性和先进性。

尽管孔德赞成用历史的态度对待科学,但他本人对科学史所做的

贡献却是肤浅的,其价值也值得怀疑。对于孔德来说,科学史也只是在它可能会与某种一般的哲学体系有关的范围内才具有重要性。在他看来,原始材料和历史材料所起的作用,就像它们对于19世纪其他体系的哲学家们(例如斯宾塞、穆勒、黑格尔、恩格斯和杜林)所起的作用一样,并不大。

现代社会主义的奠基人马克思和恩格斯清楚地意识到,中世纪的神话不符合历史事实,只是意识形态上的安慰。由于这种神话,"对很强的历史连续性的理性洞察被描绘成不可能的,而历史至多只会起搜集例子的作用,起哲学家们用作例子的作用"。(Engles,1886;这里转引自丹麦译本,Marx and Engles,1971,卷2,372页)马克思和恩格斯的著作中发现的唯物主义科学史的基本原理,在19世纪没有得到发展,当时史学家们大都忽视了科学发展与经济和政治发展的相互关系。一般公认,特别是在有关化学史和医学史的作品中,才有少数例外。值得提到的是化学家卡尔·肖莱马(Carl Schorlemmer,1834—1892),他是马克思和恩格斯的亲密朋友,马克思主义的社会主义的支持者。肖莱马在一部有机化学史著作中,运用了马克思主义理论的某
14 些部分,包括历史唯物主义和辩证唯物主义。(Schorlemmer,1879)这是第一部可以正当地称为马克思主义的科学史著作,而且它也是半个世纪之中唯一的一部。

19世纪末,一些科学家中存在着一种倾向,这就是牺牲包括历史在内的人文学科中盛行的方法,片面强调科学方法。著名科学家们,如斐尔绍(Virchow)、海克尔(Haeckel)和奥斯特瓦尔德,坚决主张应当从根本上改造历史研究,使之服从于新科学对文化的支配。他们无论如何都没有受到过马克思的影响,却轻蔑地谈到传统的"资产阶级的历史"把注意力集中在国王、战争和外交上。他们要用某种以科学进步为基础的一般的历史去取代这种历史。自然,职业史学家们做出反应,强烈反对那些在他们看来是傲慢而又放肆的关于科学的主张。

在德国,像德罗伊森(Droysen)、狄尔泰(Dilthey)、梅涅克(Meinecke)那样的哲学家们,强调历史是一门人文学科,一门精神学科(a Geisteswissenschaft),其方法和目标与自然科学不相容。用来把知识分成两类的这个明显的界限,有助于理解这样的事实,即公认的史学家们大体上都忽视科学与文化的历史。这两个领域被丢给了科学家和业余的史学家。当然,科学史在德国科学家们对一般文化史的想象之中,担负着中心角色。例如,生理学家和物理学家埃米尔·杜·博伊斯-赖蒙(Emil Du Bois-Reymond,1818—1896)就断定,“自然科学是纯粹的文化喉舌,而科学史则完全是人类的历史”。(Du Bois-Reymond,1886,271 页;参见 Mann,1980)

一定数量的科学史是出自爱国动机写出来的,其目的在于引起对本民族科学优点的注意,或者在于论证民族优先权的需要。例如,拉乌尔·雅格诺(Raoul Jagnaux,1845—?)把化学基本上描述成为一门法国的科学。法国的史学家和化学家们的做法就是对拉瓦锡(Lavoisier)的近乎宗教式的崇拜,他不仅被认为是化学的奠基者,而且还被当作法国力量的象征。(Jagnaux,1891;亦见 Bensaude-Vincent,1983)许多德国人极度轻视拉瓦锡在历史上的重要性,而去强调早期德国化学家,譬如帕拉塞尔苏斯(Paracelsus)和施塔尔(Stahl)的作用。这种带有民族主义动机的历史意味着,科学已经成为声望的一种标志,成为民族傲慢的一种意识形态因素。科学史在教权主义与自由主义之间的论战中也起了一定的作用。在几部历史著作中,教会被指责为科学 15
进步的敌人,而且还被说成是人类进步的敌人。(Draper,1875)

直到 20 世纪初,分散的活动才被组织起来,科学史研究作为一种独立的职业才开始确立。第一次国际会议 1900 年在巴黎举行,接着便是一系列定期的类似会议。另一个职业化的标志就是各种国际性的科学史研究学会的建立。德国 1901 年成立了一个医学史与自然科学史学会(Gesellschaft für Geschichte der Medizin und der Naturwissenschaften),

这比美国成立科学史学会早23年。与各种学会相联系,人们创办了几种交流历史研究信息的期刊。1902年《医学史与自然科学史通报》(*Mitteilungen zur Geschichte der Medizin und der Naturwissenschaften*)创刊,1908年卡尔·祖德霍夫创办了《医学史档案》(*Archiv für Geschichte der Medizin*),即人们通常所说的祖德霍夫档案。同时,设立了头一拨科学史教授职位。

医学史研究的职业化较之科学史的情况稍微要早些。从19世纪中期开始,在几所欧洲大学里便有了正式的医学史课程。从1893年起,彼得森(J. J. Petersen)在哥本哈根大学担任医学史教授,1905年医学史研究所(Institut für Geschichte der Medizin)在莱比锡成立。总的说来,医学史学的发展一直独立于科学史的其他部分。今天,仍然必须把它看成是一个自主的分支,它所具有的许多问题和重要性与其他领域都不同。①

就对新的科学史组织的影响而言,保罗·唐内里(Paul Tannery,1843—1904)大概是最重要的人。如果有什么人是"现代科学史运动的真正奠基人"的话,那么这个人就是唐内里。② (Guerlac,1963,807页)像孔德一样,唐内里认为科学史是一般的人类历史的一个必要的组成部分,而不仅仅是属于各专门科学的一系列学科的分支。到当时为止,构成科学史绝大部分的还是各门特定科学的历史。他对这类历史的批判态度,在下列引文中可以看出(Tannery,1912—1950,卷10,106页;这里转引自Hall,1969,212页):

> 一位科学家,就其身份来说,他仅仅描绘了他本人所研究的那门特定科学的历史;他总是要求写这种历史要交代每个可能的技术细节,因为只有这样它
> 16 才能给他提供可能有用的材料。但是,他特别需要的将是对于各种思想的

① 涉及医学史的文献浩瀚。这方面的介绍见Pelling(1983)。

② 可以在Thackray(1980)和Corsi and Weindling(1983)中找到科学史发展的详尽文献目录信息。

> 脉络以及各种发现的联系的研究。他的首要目的当是按其原有方式重新发现其前辈们实际思想的表达方式；当是阐释在流行理论的建构中起过作用的各种方法，以便发现在哪一点上，对于哪个目标可以做出努力，进行创新。

这个话题，即特定学科的专门史与一般或综合科学史之间的关系，仍然是史学家之间的一个争论点。

比埃尔·迪昂(Pierre Duhem，1861—1916)既是一位科学哲学家，又是一位重要的化学家和物理学家。他集中研究了中世纪和文艺复兴时期物理科学的发展。迪昂是一位虔诚的天主教徒，他试图在大量的著作中论证，所谓的科学革命只不过是已经被中世纪的学者们发展了的理论和方法的自然延伸。(Duhem，1905—1907；1906—1913；1913—1959)迪昂写道："那些一直被设想为科学革命的东西，几乎总是缓慢的、经过长期准备的进化。……尊重传统是科学进步的一个重要的先决条件。"(Duhem，1905—1907，卷 1，111 页)迪昂也强调中世纪的理论和方法在很大程度上归功于基督教的世界图景。他那给人深刻印象的研究方案没有立即得到重视，只是后来才在其他史学家手中接着继续下去。

迪昂把他的批判研究置于对原始文本的详尽研究的基础之上，并且建立了严格的文献考证的新标准。他关于科学连续性以及基督教中世纪具有决定性的重要意义的理论并非没有异议；但是他的论证和文献考证在现代科学史中还是起了很大的作用。大约与迪昂同时，德国人埃米尔·沃尔维尔(Emil Wohlwill)也对相同的时期和问题进行研究，把注意力放在中世纪后期和文艺复兴时期科学的意义上。(Wohlwill，1909)迪昂和沃尔维尔的工作后来便成了一个科学史学派的基础，这个学派包括梅尔(A. Maier)、克龙比(A. C. Crombie)和克拉杰特(M. Clagett)在内，集中研究的是科学革命的前身。

科学史活动大约在 20 世纪初复兴，受惠于考古学、人类学和语文学诸领域里的新发现。源材料的新发现开阔了科学史的眼界，展现了 17

前所未知的科学文化,这些文化甚至比受人尊崇的希腊人更加古老。举一个例子来说,丹麦语文学家海贝尔(J. L. Heiberg,1854—1928)1906年在伊斯坦布尔发现的一部手稿,直接导致了对阿基米德(Archimedes)方法的全新理解,间接则导致了对希腊数学的全新理解。(Heiberg,1912)同样,有关埃及人的知识以及巴比伦的数学和天文学,在很大程度上归功于考古学家和语文学家们在19世纪末所做的译解工作。大约在1800年,东印度公司的英国学者们已经在搜集早期印度数学的原始材料。从1858年开始,古埃及的数学也得到了研究,当时苏格兰的埃及学家A.亨利·赖因德(A. Henry Rhind)发现了一张很长的写满了数学例子和计算公式的纸莎草纸。

科学史复兴的另一个原因是,人们,甚至职业的史学家们刚开始认识到科学是一个重要的历史因素。也许可以挑选梅尔茨(J. T. Merz,1840—1922),作为很早就试图把科学算作更一般的文化描述的一部分的一位典型代表。(Merz,1896—1914)人们按照唐内里的思想写出了许多范围广泛、雄心勃勃的科学史著作,试图把科学的一般发展作为一个整体加以勾勒和描述。这些著作,例如丹内曼(Danneman)和达姆施泰特(Darmstaedter)的著作,就是当时那种雄心勃勃潮流的纪念碑,它们给人的印象深刻,但证明都不具有持久的价值。(Dannemann,1910—1913;Darmstaedter,1906)

最后,科学史大约在20世纪初成为人们日益感兴趣的对象,是由于它的教育价值。许多作者和教师鼓吹着重用历史方法学习科学学科。但是,很少有人实行。在物理科学中,这种做法的代言人是马赫,稍后一点是丹内曼和格里姆泽尔(Grimsehl)。(Dannemann,1906;Grimsehl,1911)在法国,迪昂把历史方法鼓吹成“使那些正在学习物理学的人们对这门科学非常复杂而又充满生气的机体有一个正确、清晰的见解的最好方法,甚至可以肯定是唯一的方法。”(Duhem,1974,269页)

我们将谈谈比利时裔美国人乔治·萨顿(George Sarton,1884—1956),以此结束对科学史发展轮廓的勾勒。萨顿受到孔德和唐内里的影响,他想使类似的科学史观成为惯常的观点,就是说,综合性的统一以及对进步的信念是这种科学史观的主要元素。萨顿写了许多文 18
章,发展了他的纲领,指出科学史应当是个什么样子(Sarton,1936;1948;1952),并且按照这些方针努力工作,把这个领域组织成一个学术性学科。至少按照现代标准,他的观点有点儿天真,而且惊人地与历史无关。[①] 萨顿纲领中的某些中心论点如下:

(1)对过去的科学进行研究本身没有价值,但只要通过它与当代和未来科学的关联性,便可证明这种研究是有道理的。科学史能够而且应当对当代研究给以激励,提供教训。部分地由于这个原因,史学家精通现代科学很有必要,因为他正在研究的就是现代科学的前身。

(2)科学是"系统化的实证知识,或者是在不同时代、不同地方被当作这类知识的东西",同时,"实证知识的获得和系统化仅仅是真正累积渐进的人类活动"。(Sarton,1936,5 页)一般公认,史学家不应当因为过去的科学没有达到我们当代知识的水平而去批评它,但是他应当对前人的贡献进行评价;进行评价时,他应当集中考虑有关的发展是否构成一个前进的足迹。可以利用现代的进步和合理性标准来确定达到这种情况的程度。正是现代科学史学家,才在这些标准的基础上,确定过去的科学何时是以真正的科学原理为基础,何时只是伪科学。例如,萨顿拒绝考虑盖仑(Galen)的生理学理论,因为他认为它们是思辨的怪念头,完全不是本应具有科学标志的实证知识。

(3)即使科学的发展在原则上应当作为相应时期社会和文化潮流

---

① 鲁珀特·霍尔(Rupert Hall)把萨顿描绘成"一位非常博学的人",但又说"从各个方面来看,人们不能不纳闷儿,他到底是不是一位科学史学家。"(Hall,1969,215 页)根据托马斯·库恩的观点,"科学史学家们应当无限感激已故的萨顿在确立他们的职业中所起的作用,但是他所宣传的他们的专业形象仍然危害甚多,虽然长期以来人们一直都在拒斥这个形象。"(Kuhn,1977,148 页)

的一个必不可少的组成部分加以研究,然而,社会经济条件对科学生活并没有很深的影响。萨顿实行和鼓吹的这种科学史是内在主义的。它所集中关注的科学是孤立、自主的体系,它所集中关注的伟大天才人物则是这种体系的载体。

(4)当用历史视角进行考察时,科学就是纯粹的好东西。它是人类的恩主,是真正民主、真正国际性的。科学史研究不仅会有助于制止战争,而且还将建造起连接人文文化和技术—科学文化的桥梁。

19 萨顿的纲领实际上没有实现,而且几乎从来都不可能实现。萨顿本人写就了至 14 世纪止的科学史“导论”,这是一部长达4200页的皇皇巨著,但是,无论是这部著作,还是具有同样的鸿篇风格的其他著作,对现代科学史来说都没有重大意义。(Sarton,1927—1948)实际上,史学家们远远偏离了萨顿所强调的理想,转到大都是今天在各种会议和其他正式场合所听到的观念上去了。萨顿对科学史的不朽贡献,尤其表现在他做出的有力而且大部分是成功的努力,使这门学科获得了公认的学术性职业的地位。他是一位孜孜不倦的科学史宣传家,他成功地使科学家、人文学者和行政官员为了这门学科的利益而联合起来。人们总想把他称作科学史的培根。但他不是科学史的牛顿。

萨顿最重要的贡献是在美国做出的,那里从 19 世纪末就有几所大学在教授科学史,那里的思想风气与他的梦想也极为合拍。美国对科学史的早期兴趣,与想把学生吸引到先进的自然科学上来的愿望有密切关系。它在很大程度上有一种宣传、传教的性质。科学史必须为道德目的服务,必须清楚地阐述科学理性在全世界凯旋式的进步。萨顿到达美国的前一年,即 1914 年,就有一份说明书上说:“对各门科学的概览,有助于增进彼此的尊重,有助于加强人道主义的情操。具有各种信仰和各种肤色的人都可以学习科学史,科学史会在每一位青年男女的心中树立起对人类进步、对整个人类的良好愿望的信念。”

(Libby,1914;这里转引自 Thackray,1980,456 页)

当然,萨顿不是新的科学史运动的唯一组织者。至少,还应当提到查尔斯·辛格(Charles Singer,1876—1960)。他于 1923 年在伦敦大学学院负责建立了科学史与科学方法系。辛格的科学史观大体上与萨顿的一致。

我们就在这里结束我们的科学史学史纲要。后来发展部分将在以下各章讨论。

思考题

1. 科学史的著述和研究活动经历了哪几个主要阶段?每个阶段的主流思潮、代表人物、主要著作各有哪些?
2. 科学史研究中的主导科学史观有哪些?它们各有哪些特征?各经历了怎样的变化?它们之间的关系如何?

第二章　科学史

“历史”的两个层次—“科学”的两个含义—“科学史”的两个侧重点—科学史论域—科学史时间上下限

20 人们通常把“历史”这个术语的两种不同水平或意义加以区分。历史(H_1)可以描述过去发生的实际现象或事件，即客观历史。例如，在“人类的自然知识在整个历史上一直在增长”这样的语句中，历史就被理解为“过去”，或者过去实际发生的现象。但是由于我们对过去的真实情况只有且将永远只有有限的知识，因此过去实际发生的大多数事情都将永远超出我们把握的范围。我们所知道的一部分历史(H_1)不仅在范围上有限，而且也是包括史学家的选择、诠释和假说在内的某种研究过程的产物。我们没有直接通向 H_1 的道路，只有接近通过各种原始材料留传下来的部分 H_1 的道路。

历史这个术语(H_2)也被用来表示对历史现实(H_1)的分析，即用来表示历史研究及其结果。因此，历史(H_2)的对象就是历史(H_1)，这就如同自然科学的对象是自然界一样。正如我们关于自然的(科学)知识受限于并非自然而是对自然的理论诠释的科学研究结果一样，我们关于过去事件的知识也受限于并非过去而是对过去的理论诠释的历史(H_2)结果。激进的实证主义哲学家们坚决主张，客观自然界的存在是无意义的虚构，不可能把自然和我们关于自然的知识加以区分。同样，某些唯心主义的史学家坚决主张，H_1 和 H_2 的区分是一种虚构，它不符合实用的目的；除了史学家由其原始材料建构的历史之外，不存在实际的历史。[①] 然而，在本书中，我们不必认真对待这种唯心主义的历史观。即使认真对待，对于历史研究来说也几乎不会有很 21
大的实际差别。

史学这个术语通常用来表示 H_2，意思是指关于历史的作品。实际上，史学可以有两种含义。它可以单纯指关于历史的(专业的)作品，即由史学家们撰写的关于过去事件的阐述；但是它也可以指历史理论或历史哲学，即对于历史(H_2)本质的理论反思。因此，在后一种意义上，史学是一门元学科，其对象是 H_2；纯粹描述性的历史本身不是史学，但它可以是史学分析的对象。

历史牵涉到人的活动，更确切地说，牵涉到那些与社会有关的活动。就影响了人类活动的非人类因素而言，它们自然包括在历史之中。例如，如果某人对中世纪晚期的农业史感兴趣，那他就必须考虑那个时期的气候变化。气候揭示出某种时间现象但没有揭示历史的发展。当一个人谈论气候史或者星体史时，这种历史与仅仅和人类的行为及意识联系在一起的历史本身相比，便有一种不同的、更为一般的含义。按照奥拉夫·佩德森(Olaf Pedersen)的看法，科学史主要不涉及这种意义上的“历史”问题。他说：“历史就是对于某个人类事件或其他东西经过一系列相继的状态在时间上的发展所做的研究，……一个人一开始用时间作为参数去组织事件，他就在建构某种历史观点。”(Pedersen，1975，8 页)然而，这种看法没有抓住历史的独特特征，而且也没有完全概括历史的实践。纯粹按时间顺序对某个事件的各个阶段加以叙述(“我早晨 6 点 30 分醒来，7 点吃早餐，上午 7 点 40 分去上班，……”)，这并不是历史。另一方面，历史研究很可能包含了对

① “必须摒弃发生的历史(事件过程)与被思考的历史之间的区分，历史本身与纯粹被感受的历史之间的区分；这种区分不仅是错的，而且无意义。”(Oakeshott，1933，93 页)参见 Danto(1965，71 页以下)的讨论。

过去的某种探究,在这种探究当中,时间组织既没有被包括进去,也不具有什么重要性。

根据许多史学家的看法,为了便于历史叙述,现象应当能够按照它们受制于时间和空间的个性加以描述。这个程式后面是这样一种思想,即历史事件由于其过去的位置而在时间和空间上是独一无二的。尼尔斯·玻尔(Niels Bohr)1885 年生于哥本哈根,这个事件是独一无二的,因为它不能够重演也不能够概括。然而,描述受控于时间和空间的个
22 性,这个要求很弱,因为它没有有效地把与各门自然科学(不是指各门社会科学)有关的各门历史科学加以区分。大体上看,这种方法论的区分是困难的,至少不能以在时间和空间上完全确定历史事件这一思想为基础。这个要求又太强,因为它含蓄地把历史限制在关心特定时间和特定空间上能够确定的特定事件上。历史也涉及像规律那样不能够还原为个别事件的堆积,不能在时间和空间上确定的各种现象、关系、趋势、相似性和结构。像“技术创新引起经济增长”和“17 世纪的哲学被经验论思想所支配”之类的陈述,通常总是被认为是富有意义的历史陈述。把历史限制在独一无二的事件上,其后果之一,或许是其后的动机,便是使历史科学脱离社会学、心理学和经济学的观点;人们公认这种脱离使历史具有自主性,但是那种自主性的代价将是丧失活力。

科学史这个术语的第二个部分牵涉到人类的一种特别的行为,这种行为称为科学。讨论这个问题时,区分两种水平可能还是有用的。(参见 McMullin,1970)可以认为科学(S_1)是关于自然的经验陈述或形式陈述,以及由一定时间内被人们接受了的科学知识所构成的理论和数据的一种集合。根据这种观点,科学总是一种典型的完成了的产品,因为它出现在教科书和论文中。由于 S_1 没有被真正地看成人类的行为,所以它不是那种很可能引起史学家兴趣的科学。

与历史有关的科学(S_2)由科学家们的活动或行为所构成,就这些

活动与各种科学努力有关而言，它包括对此具有重要意义的各种因素。因此，S_2 是作为人类行为的科学，不论这种行为是否导致真实、客观的自然知识。S_2 包含了作为某种过程结果的 S_1，但是这个过程本身在 S_1 中并没有得到反映。S_2 通常不能在论文和书籍中找到，必须与历史材料的利用结合起来。

S_1 与 S_2 的区分大体上与应当在多大程度上把重点放在历史上还是科学上这个问题相当。如果指的是**科学**史，那么这种科学通常总是 23
S_1 意义上的科学，主要是把科学出版物置于某种历史框架之中，对其内容进行历史分析。然而，科学**史**总是 S_2 意义上的科学。关于科学史的两种形式的讨论不时地在进行，这种讨论似乎是与科学史学家为了正当地进行自己的工作，至少应当在何种程度上精通他正在研究的那门科学的技术方面有关的争论；这种争论尤其关注科学史学家应当在何种程度上按照现代系统所阐述的来把握这门科学。

按照皮尔斯·威廉斯(Pearce Williams)的看法，现代科学史学家首先是一位史学家，因此不需要精通他正在研究的那门科学的技术内容。焦点应当集中在历史和社会关系上，而技术细节并不十分重要。(Pearce Williams，1966a)这种观点无疑为许多优秀的科学史学家所共同持有，但是也有人强调科学史可能不要什么素养，好像科学的内容无关紧要似的。某些作者很蔑视那些由于缺乏专业知识而对技术方面不能充分理解的史学家。“大多数科学史学家……对他们所研究的科学了解甚少，因此，他们阅读科学著作的序言而对科学著作本身却不予理睬。如果他们也不是数学家，那么他们就没有权利干涉数学史和理论物理学史。”[①](Hankins，1979，15 页)库恩也批评了某些史学家对具体的技术问题的忽视。(Kuhn，1977，136 页)但是，他同时也强

① 引文并不表达汉金斯(Hankins)的观点，而是重要的科学史学家如怀特赛德(Whiteside)、特鲁斯德尔(Truesdell)和艾博(Aaboe)的观点。Reingold(1981)中讨论了定向于科学的和历史的科学史之间的张力。

调了许多以科学为中心的历史具有贫乏而又有时代误置的特征。库恩和皮尔斯·威廉斯就是那些实际上已经论证了这两个方面不必相互排斥的科学史学家中的两位。

科学史(在 HS_2 的意义上)有许多方面和途径,它对于从纯技术分析到纯历史分析的整个研究范围都有需要,都留下了余地。由于科学具有这样一种复杂的结构,所以科学史必定是一个可以多方面刻画的学科。让我们看看"科学与纳粹主义"这个显然属于科学史范围的课题。如果在 S_1 的意义上理解科学的话,那么 1933—1945 年德国的纳粹主义
24 在该时期的科学上并没有得到特别反映;但是它在 S_2 性质的科学上则有很强烈的反映,对其加以说明的可能性、方法以及形式都受到它的很大影响。专门研究德国科学时却坚决主张纳粹主义与此无关,则是荒唐的。纳粹主义对于德国科学的意义靠纯粹的**科学**史(HS_1)不能够捕获,却能在一定程度上靠科学**史**(HS_2)抓住,即使这也许会忽视技术方面。事实上,一位史学家撰写的论述纳粹主义与科学的最早的著作,没有任何科学背景。[①] (Beyerchen,1977)总的一点就是,科学史独立于科学本身。正如卡古黑姆(Canguilhem)悖论表达的那样,"科学史的对象与科学的对象毫无关系"。(Canguilhem,1979,8 页)

拜尔琴(Beyerchen)、巴特菲尔德(Herbert Butterfield)以及其他许多人已经成功地撰写了有价值的科学史,他们并不精通他们所写到的科学。不能够从这一事实引出一般性结论。在其他情况下,忽视科学内容证明是灾难性的。何时能够这么做,这主要取决于所处理的主题和研究观点。一般说来,越是接近科学问题,仅仅从外部考虑它就越是危险。[②]

---

① 也许只要提到埃德温·伯特(Edwin A. Burtt)、亚历山大·柯瓦雷(Alexandre Koyré)和赫伯特·巴特菲尔德的名字就足够了。

② 当然,不合理地忽略所涉及的科学的技术性方面的著作,有许多例子。例如,刘易斯·福伊尔(Lewis Feuer)详尽地分析了爱因斯坦(Einstein)、玻尔和海森伯(Heisenberg)的贡献,却显然没有阅读或者理解他们的科学著作。见 Feuer(1974)。

无论其焦点是什么，科学史都是在科学的历史维度上研究科学。但是哪一种情况能够合理地算作既是“科学的”又是“历史的”并且因此而被包含在科学史之中呢？

寻找“科学”或“科学家”的某种定义，在某种史境中几乎没有什么益处。划分标准，譬如在科学哲学中找到的标准，大都以现代物理科学的反思为基础，而且不适合历史的用途。这会不可避免地导致各种误解和时代挪动，而且还会导致排斥那些今天没有被接受的科学形式。[①] 我们今天持有的科学观本身是历史过程的产物，是斗争的产物，在这种斗争中仅仅只有得胜了的观点才幸存下来。史学家应当首先关心在当时被认为是属于科学领域的那些情况，而不论这些情况是否符合当代的观点。但是这种对于科学现状的相对主义看法似乎假定，过去也存在着某种被称为科学的东西。这是一个对于一切时代和文化并非都有效的假定。科学作为一种具有自身规范和价值的建制和职业，大体上形成于上个世纪[②]，而且仅仅是从那个时代开始，人们才 25
能够在科学这个词的现代意义上谈论它。

英语中**科学家**(scientist)这个词只有 150 年的历史。在此之前科学家的职业并不真正存在，这反映在那些与发现自然界的奥秘有关的人们所得到的各种名称上：学问家(savant)，自然哲学家(natural philosopher)，精通科学之士(man of science)，学者(virtuoso)，科学培植者(cultivator of science)，等等。直到 19 世纪中期，在英国，人们才觉得，由于各种实际原因，必须给当时作为一种社会现象而出现的以精通科学为职业的人找到一个名称。1834 年，惠威尔半开玩笑地提出**科学家**这个名称，但并没有得到认真对待。大约在 1840 年，惠威尔和其

---

① 例如，Sarton(1936)中给出的萨顿的科学史定义就把现代经验主义科学理想投射到了过去上面。第一章提到，萨顿的定义使许多重要的精通科学之士，比如盖仑，变得在科学上没有什么意思。

② 此处指的是 19 世纪。——译者

他一些人再次提出这个词时,激起了极大的对立意见,这个词被作为普通语言的一部分反而逐渐被接受。在公认的学者,尤其是在来自上流社会的学者当中,**科学家**的地位低,因为人们将此与现代用钱代表知识的态度联系起来。而在那些出身高贵的英国学者们看来,这是对科学的思想和社会价值的背叛。甚至晚至 19 世纪 90 年代,许多精通科学之士,包括赫胥黎(Huxley)、开尔文(Kelvin)和雷利(Rayleigh)这些当时很著名的人在内,都拒绝使用这个词。(Ross,1962)

时间进一步上溯,谈论某个科学建制或者从其实际史境中使“科学”这个术语明朗化,甚至更加危险。生活在古巴比伦的“天文学家们”和“数学家们”,只有在把他们的活动孤立起来,不涉及这些活动能够被重建为其组成部分的那种建制上(社会和宗教)的史境时,他们才是科学家。他们并不认为他们本身就是科学家,还是把自己称为天文学家和数学家。虽然如此,为了简单的缘故,为了更好地表达的需要,科学史学家们通常总是把他们说成是科学家。

科学史的使然者(agents),是实际上帮助搜集了关于自然的知识或者一直被认为是自然知识的那些人。他们并非都是科学家,这个术语本来应当留给“那些在历史上对自然现象做了相当大量的原始研究,而且对于他们来说这样的研究是其历史个性的一个重要组成部分的人”。(Shapin and Thackray,1974,11 页)与科学史有关的人包括
26 职业科学家、业余科学家、哲学家、神学家、工匠,以及其他许多人。显然,从科学史的观点来看,古往今来对我们的自然知识做出了贡献的人并非都很重要。史学家们只选择少数潜在的历史人物,把他们塑造成严格的历史人物。由于科学及其历史的复杂性,不可能抽象地给那些属于科学史研究范围的人划出界线。然而,编写各种辞典时选择人物是否恰当便成了问题。例如,权威的多卷本《科学传记辞典》(*Dictionary of Scientific Biography*)就包括“那些对科学的贡献富有特

色，足以与同行或者知识共同体形成显著差异的人”。① (Gillispie，1970—1980，卷 1，序)这些人既包括科学家，又包括非科学家。

分界问题既涉及与当代科学强烈冲突的活动和方法，又涉及这些活动和方法之间的邻近部分。涉及后一类情况，应当提到技术。尽管科学与技术的确是不同的领域，但是在科学史与技术史之间不存在也不应当有某种明显的界线。把达·芬奇(Leonardo da Vinci)、斯米顿(Smeaton)、瓦特(Watt)或者珀金父子(Perkins)划分成(至少)两类人，一类是技术专家，一类是科学家，把他们作为孤立的人来看待，这种做法大概不符合历史事实。由于科学与技术之间的界线是比较晚才有的，因此这么做就越发不符合历史事实了。明显的技术创新的确不属于科学史本身的领域。技术史很重要，不能作为科学史的附属物来对待。它首先应当作为一个独立的学科来对待，凭它本身的地位就值得研究。令人高兴的是，最近人们在这方面的兴趣有了增长。②

上文提到的第一类活动中，具有典型性的也许有神秘的、宗教的和伪科学的领域，当评价这类活动时，就它们有意无意地对科学的发展做出了贡献这个范围而言，必须同样承认这些领域属于科学史的范围。最近已有某种明显倾向，要把非科学活动包含在科学史之中，尽管对于应该在多大程度上包含这些活动的问题还存在某种不同意见。我将举一个牛顿研究方面的例子，也就是这门学科中的典型焦点之一，来说明这个问题。

如果有什么人是科学的化身的话，那么这个人就是牛顿，但他却
用了大量的聪明才智研究那些肯定是非科学的问题：《圣经》年表、炼 27
丹术、神秘医术以及历史预言。各种手稿和其他原始材料表明，牛顿

① 至于“科学”的划界，《科学传记辞典》的编者们用他们的规定来表示，该规定就是以“**现代**属于数学、物理学、化学、生物学和地球科学范围内的那些领域”为范围(黑体是我加的)。(Gillispie，1970—1980，卷 1，序)

② 专业化期刊如《技术史》(*Technikgeschichte*)、《技术与文化》(*Technology and Culture*)和《历史与技术》(*History and Technology*)等，其数目的日益增长就表明了这一点。

花费在他这些无把握的工作上的时间,必定比他花费在使他名垂青史的数学和物理学工作上的时间要多。现在人们也许会问,牛顿的炼丹术著作是否构成科学史的合法部分。

传统的牛顿研究力图得到一个光耀夺目的、理性主义的牛顿形象,而且相当片面地集中在他的纯数学和物理学工作上。尽管牛顿(未发表)的炼丹术著作早已被人所知,学者们却不愿意把它们作为对科学史具有重要意义的那个牛顿的一部分认真加以关注。这种证据要么被隐藏起来,当成化学得到合理的说明,要么就作为一种无害的嗜好而被解释过去。[①] 自从发现新的原始材料和加强了对牛顿的研究以来,要否定牛顿曾长时期严肃地研究过炼丹术,便成为不可能的了。牛顿没有把炼丹术著作誊写出来只不过是为了抽出其合理的化学内核的缘故;他的兴趣不是随着年纪的增长而消失的那种年轻人的一时爱好,也不是衰老的结果。(Dobbs,1975;亦见 Westfall,1980,285 页以下)对于应当在何种程度上把牛顿炼丹术作为适合科学史研究的课题认真地加以处理,这个问题已经有三种类型的答案。

某些主张对科学史采取理性主义和科学中心论态度的著名牛顿学者们,已经在炼丹术士这个词的严格意义上,断然否认牛顿是炼丹术士。(Boas and Hall,1958)他们强调他的职业是一个“私人”问题而且与他的伟大科学著作无关这一事实。就牛顿研究属于科学史范围而言,由于这些著作对牛顿研究很重要,因此牛顿对炼丹术的兴趣不必过分地扯到科学史上去。所以,像 M. 博厄斯·霍尔(M. Boas Hall)、鲁珀特·霍尔(Rupert Hall)、柯恩(I. N. Cohen)和怀特赛德(D. T. Whiteside)这些公认的史学家们,都认为把牛顿“非炼丹术士化”无可非议。

---

① 牛顿的遗嘱执行人托马斯·佩利特(Thomas Pellet)认为,他留下的大量非科学原稿和手稿是“不适合刊行的”“改得一塌糊涂的废纸”。第一位重要的牛顿传记作者戴维·布鲁斯特(David Brewster)在认识到牛顿的异端兴趣时陷入了窘境,并且因此而在他的传记中极度轻视它们。(Brewster,1855)

另一些专家论证说，不论对炼丹术士这个词做出哪种合理的诠释，牛顿的确是一位炼丹术士，而且他受到了当时新柏拉图和炼丹术潮流的极大影响。[见 Bonelli and Shea(1975)中的文稿；最近对于这场论战的评论，见 Vickers(1984)]这些学者[拉坦西(P. M. Rattansi)、 28
韦斯特福尔(W. Westfall)、多布斯(B. Dobbs)、曼纽尔(F. E. Manuel)等人]认为，炼丹术是牛顿的世界图景中一个必不可少的部分，因此与他在物理学方面的工作的哲学基础是一致的。牛顿的炼丹术凭本身的资格就属于科学史范畴；这主要不是因为炼丹术有助于弄清牛顿在物理学方面的主要著作《原理》(*Principia*)①和《光学》(*Opticks*)中的有关段落，而是因为它是文化史中的一个重要元素，牛顿也用一种有趣的方式对文化史做出了贡献。

通过论证牛顿炼丹术与其科学理论直接相关，也可以论证对它感兴趣是正当的。按照卡雷·菲盖勒(Karin Figala)的看法，牛顿的炼丹术实际上是用神秘科学的象征性语言装饰起来的一种合理的物质理论；它同时也是已经发表的物质结构思想的大致草案和进一步发展。如此看来，牛顿的炼丹术表现为一种合理的、科学的理论形式，而且成了科学史的一个自然元素。(Figala,1977;1978)

不管如何诠释牛顿的炼丹术著作，不经严密分析就加以忽视大概是错误的。"如果我们要研究这些手稿，我们就必须研究它们的全部，而且要接受其中的东西，而不管它是否与20世纪的观点相一致。一个人要说牛顿是一位实际炼丹术士，他本身既不必是一位神秘主义者，也不必否定《原理》恒久的真实性。他只是必须承认手稿的明显意义与数学论文一样可靠，而且比它们更加广泛。"(Westfall,1976,180页)

把某个人的科学活动与非科学活动严格加以区分的不合理性，不

① 即《自然哲学之数学原理》(*Philosophiae Naturalis Principia Mathematica*)。——译者

仅仅是由于涉及对科学思想起源的解释时所产生的问题而引起的。它常常还引起与理解各种思想的实质、它们的史境和内容有关的各种问题。对于17世纪英国的精通科学之士来说，宗教的、道德的和政治的考虑不仅起着激励作用，而且还起着辩护作用。波义耳及其圈子中的人认为，对当时的气体实验的解释[例如，托里拆利(Torricelli)的解释]完全是道德意义上的，因此适合于他们的评价。(Jacob，1977，99页以下)在这样一种情况下，把科学成分与非科学成分分离开来就会误入歧途。当有文字根据表明波义耳认为他的科学是他那个时代文化斗争中的一个元素时，我们就不能以低压下气体的行为无论如何不可能与社会的道德状况有任何关系为借口，而否定这个方面。

29 至于科学史所涉及的时间界限，则是科学史和一般的历史共同具有的一个问题。这主要是一个在何种程度上存在历史的上限或下限的问题。传统上，史学家们已经在所谓历史时代与史前时代之间划了一条界线，区别就是史前时代没有发现书面材料。但是今天的史学家之间存在着争论，有人认为这条界线并没有重大的意义，它用一种人为的方式破坏了历史的连续性。例如，像巨石阵那样的巨石遗迹大概已经被用于天文学的目的。如果这是对的，这些遗迹就是早期科学活动的证据。巨石阵最古老的部分从公元前2700年起就有了，因此，许多科学家都认为，它是科学史范围内的一部分。① 认为科学史从何时开始，这取决于人们采用什么样的材料，取决于人们愿意在何种程度上诠释科学这个术语。戈登·蔡尔德(Gordon Childe)要以制造工具是科学的雏形这个命题为基础，把科学活动归因于生活在智人之前的

---

① 考古天文学处理史前天文学。该领域在现代引起了大量关注，现在已经确立为科学史的一个亚领域。它拥有自己的只涉及史前天文学的学报《考古天文学》(*Archaeoastronomy*，1979年首次出版)。诺曼·洛克耶(Norman Lockyer)在上个世纪就论证了巨石阵是设计的一种天文台，但是这个想法在最近几十年才被充实。(见 Thom，1971)然而，巨石遗址的考古天文学诠释并没有被所有专家所接受。例如，一位考古学家就认为它是“一种优雅的学术版的宇航考古学。……这些诠释似乎是主观的、被观察者强加的。”(Daniel，1980，71页)

那些人身上。“这似乎有些夸张，但说任何工具都是科学的一种体现仍然是对的。因为这是经过回忆、比较和搜集所得到的经验的一种实际应用，这些经验与用科学的公式、说明和规定加以系统化和概括所得到的是性质相同的东西。”(Childe，1964，15 页)一个人是否承认巨石阵或新石器时代的自然知识属于科学史的范围，并不特别重要。无论这类现象是由科学史学家、考古学家还是由人类文化学家来研究，实际上都无关紧要，只要它们得到了研究就行。

科学史并没有自然的时间上限。尽管按照传统，历史涉及的是过去，但是很难找到令人信服的证据，说明当下为何不应当接受历史研究的检验。事实上，最近几年有一种日益增强的倾向，根据历史发展撰写当前甚至完全是目前的科学活动。

人们不时地论证说，当代科学史是一个不合理的术语。下面是通常遇到的一些异议：(1)当代(科学)史涉及在世的科学家及其成果，而且主要利用在世科学家们的追忆和书面陈述。依靠这些原始材料的我们这个时代的史学家将会发现，要十分客观地接近他的题材是困难的，他的分析将带上科学家本人对自己工作的信奉色彩和痕迹。按照 30
柯林武德(Collingwood)的看法，历史仅仅与**不能**回忆的那些活动有密切关系。“……就过去不是和不能回忆而言，它才需要历史探索。如果它能够被回忆起来，就不会需要史学家了。”(Collingwood，1980，58 页)这样，柯林武德的历史观就取消了当代史。(2)就引起争论的当代活动来说，譬如就优先权之争或者在政治上引起争论的科学而言，史学家的支持或个人处境将会影响他的作品。(3)在当代史中，许多正在被研究的连续发生的事件还没有结束，所以，史学家不知道结果，并且因此不能在他对这些事件的评价中利用这个结果。

然而，这些异议都不能接受。源材料是当代的，这与那种具有较早原始材料的情况相比，并不降低它们的可靠程度，也不会使批判性评价变得更加困难。在源材料上缺乏本来的客观性，这并不限于目前这个时间,正相反,史学家更有可能去检验其原始材料的可靠性(见第十三章)。在好的历史中,即使这种历史是有关较早时期的历史,也总是存在着史学家的主观赞成。研究天主教会在哥白尼理论发展中的作用的史学家,完全能够与研究美国化学家在越南战争期间的作用的史学家一样,表明态度。史学家本人的看法不应该影响其工作这一要求,无论如何是一个误解。所以,我们必须明确地割断与那种认为现代科学不能作历史分析的观点的联系,这种观点是由福布斯(Forbes)和迪克斯特休斯(Dijksterhuis)表述出来的(Forbes and Dijksterhuis,1963,卷 1,11 页):

> 历史方法不同于系统方法。首先,它需要超然地看待必须论及的事件的能力……举例来说,这就意味着,被称为现代科学的那个东西的整体(也许可以定义为自 1900 年以来所发生的每一件事情),必定被排除在外了。

至于所涉及的第三种异议,则建立在错误的假定之上,这个假定认为,史学家对于那些能够进行历史分析的事件,不妨说必须持有某种答卷。[①] 尽管对那些与今天要辨别对错的东西有关的事件进行评价不是
31 史学家的任务,但是涉及某些史学和哲学框架的应用时,这种异议还是中肯的。例如,某些史学理论依靠的是仅仅在一个较长时期内讲得通的概念(譬如危机、成功、革命、进步和退化)。库恩、拉卡托斯(Lakatos)等人提出的这些方案,并不能马上适用于最近的科学。(参见 Hendrick and Murphy,1981)

这些反对当代科学史的异议有时与这样的主张有联系,即理解现代科学的动态不需要特殊的历史见识和技巧。这种观点是罗纳德·吉尔(Ronald Giere)提出的(Giere,1973,289 页和 290 页):

> ……并不能由此认为,除了所研究的理论是过去所拥有的理论这种情况之

---

① 举一个例子,亚伯拉罕·佩斯(Abraham Pais)在其受到很多赞扬的爱因斯坦传记中,就用以下借口不评论爱因斯坦的某些工作:“由于这个主题[相对论热力学]至今仍有争议,因此到目前为止尚不适宜进行历史评价。”(Pais,1982,154 页)

> 外，科学史的研究与历史一样极为困难。例如，假定要在1953年严格确定DNA的存在和特性的证据，就得查看该理论从1945年到1953年的发展。这大概不需要一位科学史学家的特殊才能……对科学的新近发展进行研究确实不需要独特的历史技巧——或者说至少不需要某些科学史学家们现在所教的技巧。

然而，一个人能够获得对于现代科学实际动态的出色洞察力，唯一的方法就是靠历史分析；这种分析是历史分析，不仅仅因为它从时间维度上考虑一门科学，而且在于它使用的是成为历史研究特征的那些技巧和方法。实际上，当代科学史方面主要的重要文献驳斥了吉尔的主张。

思考题

1. “科学”“历史”“科学史”各有哪两种含意？
2. 当代关于科学家与非科学家的分界、关于科学与非科学的分界对于科学史的研究范围有哪些影响？
3. 关于科学史研究的时间界限，有哪些不同看法？你同意哪种看法？为什么？

第三章　目标与辩护

理解科学的途径—为发展科学而辩护—科学与人文之间的桥梁—科学哲学和科学社会学的经验基础—教化作用—为科学史而科学史

32 确切地说，就构成科学史这门学科的东西而言，这门学科最近30年发展的特点在于各种方法和观点的激增，而不是出现了某种统一。折中主义以及这门学科包括了各种独立的、部分冲突的势力这一事实，使得谈论科学史的目标成了问题。不过，许多人已经承担了阐明这门学科的较高目标应当是什么的任务。在下文中，我们将讨论某些通常明确表达了的观点。在第十章，我们将讨论科学史所能够起的与科学学科和建制有关的意识形态作用。

1. 人们有时断言，如果做法恰当，科学史对今天的科学会有某种有益的影响。根据其最初的形式，人们主张，某位实践型科学家可以直接从他那门科学的历史中受益；即通过研究更早的科学家的工作，他也许能够获得灵感，找到他正在寻找的解决办法，甚至找到该门学科中前人已经发现了的解决办法。尽管很难找到科学家从他们的历史知识中直接获益的具体例子，但这种看法在早期科学史中还是很常见的(参见第一章)。特鲁斯德尔是敢于持这种主张的极少数现代史学家中的一位。特鲁斯德尔尽管承认“没有人能够公正地坚决主张，为了在今天做出好的研究，甚至关于力学的真正的历史发展的某种不明显的思想都是**必不可少的**”，但他还是说，“力学史知识能够导致在今天的力学中做出新的发现”。[①]（Truesdell，1968，305 页）

与这种观点稍微不同的形式，就是主张科学史应当作为批判地评价现代科学中出现的各种方法和概念的一种分析工具而起作用。正 33
如第一章所提到的，这是马赫最喜欢的一个观点。在许多对古往今来出现过的中心概念（如空间、时间、进化和因果性）进行批判和历史分析的著作中，都或暗或明地有这种观点存在。按照马克斯·詹默（Max Jammer）的看法，过去的著作不能够直接传达现代科学家所需要的洞察力。用现代科学家可以接受或者适合于他们的方式去分析过去的问题，乃是称职的史学家的任务。（Jammer，1961，VII 页）

> 不能认为历史研究本身就是目的。……对于质量的经典概念和定义的批判的历史分析……期望会使人们对该术语的意义有更深刻的理解，对它在物理学中的作用和重要性有更高水平的认识。

认为基本的科学概念只有通过批判—历史方法才能得到正确理解的观点广为流传。例如，伟大的物理学家埃尔温·薛定谔（Erwin Schrödinger，1887—1961）就接受了这种观点，为了澄清现代物理学中的概念问题，他透彻地研究了希腊的自然哲学。（Schrödinger，1954，16 页）但是，很难找出其他具体例子说明詹默所提出的途径曾经获得过成功。

即使科学家们在某些情况下由于阅读历史而受到激励，也不能认为这就支持了科学史与科学直接相关的论点。这只是相当偶然的影响，就像文学或宗教的偶然影响一样。例如，即使在极为罕见的情况

---

① 根据特鲁斯德尔的研究，某些当今的物理学家，包括他本人，通过研究柯西（Cauchy）早在 1820 年的著作，已经得出了理性力学方面的新结果。另一个更加惊人的例子，是彼得·塞曼（Pieter Zeeman）获得诺贝尔奖的发现，即 1896 年发现的所谓塞曼效应。麦克斯韦（Maxwell）描述过法拉第（Faraday）试图探索磁对光谱线的影响而没有成功，塞曼受到了这个描述的启发。塞曼在研究了法拉第的原始著作之后，用更加先进的实验装置重复了它，立刻就探测到了法拉第未察觉到的效应。

下,已经证明阅读 19 世纪数学家柯西的著作促进了新的科学见识的形成(特鲁斯德尔的例子),但这实在不是具有某种洞察效应的科学史。柯西的著作本身不是科学史。这些著作对现代研究可能具有重要性,但这不应当归功于科学史,而应当归功于柯西。

2. 按照胡伊卡斯(Hooykaas)的看法,科学史至少具有三个独立的目标(Hooykaas,1970,49 页):

> 科学史为科学的批判性自我检验提供材料:它使我们认识到获得我们现在所拥有的东西所经历的艰难险阻,提高对这些东西的鉴赏力。它在科学和人文之间的鸿沟上架起了桥梁,证明自然科学何以是我们这个时代的人文
> 34 的一部分。总有一些科学家不满足于知道理论的内容,他们还想知道理论的起源,而且将发现这是智识上和美学上的一种享受。

这段话的第一句说,由于科学史,我们更加重视我们的现代科学,从而提高其社会价值和威望。这种科学史观念作为维护科学的社会威望的观念,其背后存在着这样一个假定,即这种声望不是自动获得的,因此需要维护。这种观念在詹姆斯·柯南特(James Conant)那里得到了进一步发展,对他来说,科学史起着论证需要更多的科学(即科学需要更多的钱)的作用。第二次世界大战之后的那几年,柯南特是美国大学生活和研究政策方面的一位引领人物,当时科学史的职业化刚刚开始。在美国,对科学史日益增长的兴趣,在很大程度上是由于以科学为基础的军事技术本身引起了人们的普遍兴趣。柯南特用一系列历史个案研究论证说,对过去的科学进行研究得出这样一个结论,即"……一个民族为了在技术上领先,从而为自己人民的幸福和安全做准备,就必须在纯科学上领先。简言之,对漫长的历史加以概括,便对'何以需要更多的科学'这个问题提供了不容置疑的答案"。(Conant,1961,327 页;亦见 Kuhn,1984*a*,30 页)

柯南特所提供的这种类型的辩护,在那些认为他们自己的学科是一个更大的计划中的一个必要部分的科学史学家当中,根本不奇怪,

这个计划的目的是在现在和未来的背景中理解和应用科学。这些科学史学家很受东欧的研究者们欢迎。在1975年的一篇文章中，著名的苏联科学史学家米库林斯基(Mikulinsky)用萨顿也许很喜欢听到的表达方式阐述了这种目的(Mikulinsky,1975,85页)：

> ……重建过去不再是历史研究的终极目的，而是成为通向其成功之路的一个阶段。主要的研究目的是理解科学发展的规律性，以及有利于科学发展的条件和因素，因为追溯从过去经过当下再到将来的发展，有益的莫过于关于对象发展的规律性知识。

在柯南特和米库林斯基各自用自己的方式提出的这两种辩护中，得到论证的其实不是科学史的情况，而是科学，特别是纯科学的情况。这种观点基于这样的事实，即纯科学与技术之间有密切的因果关系，而 35
历史则为这样一种关系作了辩护。在米库林斯基和柯南特的论证中，理所当然地认为基于科学的技术是有益于社会的东西。[①]

科学史能够用来而且应当用来分析科学、技术与社会之间的相互作用。但是，认为科学总是或者往往导致技术，其经验证据并非有力。人们用一些历史事例，可以很容易地建构出一种情况，论证科学通常并不导致技术，论证科学和技术通常并非有助于人民的幸福和安全。总之，无论科学、技术与社会之间的关系是什么或曾经是什么，都不应当错误地把科学史当作科学化社会信条的宣传工作。

3. 科学史作为诸如科学哲学和科学社会学之类的其他元科学研究的背景，起着一种重要作用。就科学史对于哲学可能具有的作用而言，粗略地说来有两种类型。哲学家可以归纳地使用科学史，以便能够用他关于著名科学家们如何思考和行动的知识，在哲学学说中对这

---

① 考虑到贝尔纳(Bernal)《历史上的科学》(*Science in History*)的发行量大，值得注意的是，贝尔纳的观点也属于涉及当下的论点范畴。贝尔纳著作的全部要旨就是，科学史证明是正当的，是因为它可以表明科学进步的价值，表明它依赖于社会条件。(Bernal,1969,尤其是1219页以下)

些历史经验加以概括。这是惠威尔的纲领。或者反过来,哲学学说可以通过它们与科学史资料的比较而得到检验。科学史开始起一种灵感源泉和控制手段的作用了。最近几年,科学史与科学哲学之间的联系不断加强,而且毫无疑问,历史事实上起着一种重要的哲学作用。科学史与哲学之间的关系仍然很复杂,人们的看法根本就不一致。(简明的文献目录评论,见 Wood,1983)

科学史与科学社会学以及科学论(theory of science)之类的有关领域之间的关系,在许多方面,与它和哲学之间的关系相似。毫无疑问,科学史在这些学科中也起着日益重要的作用。某些研究者更喜欢把科学史看成是一个交叉学科研究计划即**科学学**(science of science)中的一个组成部分,这项计划包括与科学有关的一切研究。这样一种观点对于科学史计划将产生某些影响,将使其从古董商似的或学究式
36 的兴趣转向更加注重实效、更为主动的方向上去。按照东德科学学代言人冈特·克罗贝(Gunter Kröber)的看法,这是科学史的长处:"科学史与科学学之间的这种相互关系,不会使前者肤浅地研究史迹的相互关系;正相反,这有助于提高它的理论水平。"(Kröber,1978,68 页)但是克罗贝也承认,科学史的确不仅仅只是科学学的一个组成部分:"谈论把科学史著作简单地掺和到科学学的名下,或者设想应当把它降为科学学的奴仆,都是完全错误的。"(Kröber,1978,67 页;亦见 Hahn,1975)

4. 如同迪昂已经论证过的那样,科学史在说明科学知识的真正本质方面起着重要的教化作用(参见第一章)。有许多或好或糟的论点,被人们用来支持着从历史角度进行理科教学的做法(例如 Brush and King,1972)。这些论点中,不少都是宣传性的,它们通过宣称科学史具有用某种"较软的"方式介绍各门科学的能力来对科学史的应用进行辩护,并且每当许多年轻人对各门科学持怀疑态度时,便用科学史来增加各门科学的吸引力。一位作者作了如下支持历史方法的

推理:“许多富于想象力、理解能力强的学生过去必定对科学反感,特别是对物理学反感,因为介绍给他们的材料看上去支离破碎、枯燥乏味,缺乏生趣。”(Woodall,1967,297 页)

科学史在教学中无疑能够起到积极作用。它可能不怎么有助于教条地阐述科学概念和科学方法,而对科学采取的正统观念和不加批判的热情起一种解毒剂的作用。但是,并非所有的科学史教学都会起这种作用,当然更不会自动地起这种作用。科学史通常还能用来维护教条和强化科学的权威。一般说来,科学史在教化方面未必很重要,历史方法的价值似乎通常也言过其实了。(Whitaker,1979;Brush,1974)

5. 在萨顿看来,科学史要反映科学的人文主义位置,即“人类进化的中心及其最高目的”。(Sarton,1948,57 页)他想唤起科学专家们想到他们与人文学科的联系和共同根基,提醒人文主义者想到科学与人文只不过是人类同一种努力的两个方面。

科学与人文文化之间的鸿沟无疑很深。这是斯诺(C. P. Snow)
1959 年发表的论述“两种文化”之间的分裂的有影响的论文的主题。 37
(Snow,1966)由于 60 年代对科学技术合理性展开了哲学和政治批判,所以迫切需要“用科学的形象恢复人的真正面貌”。(Jaki,1966,505 页)科学史自然是这种恢复的工具。例如,克拉克(J. T. Clark)就采纳了萨顿严肃维护科学的态度,他断定,“科学史对于我们当代的、单向技术性的、目前被围困着的文化来说,事实上是新的人文主义”。[Clark,1971,296 页;可以在 Krafft(1976)中发现类似的态度]

当然,科学史研究揭示了科学与人文主义之间的鸿沟并不是西方文化中的一个固有特征。当然,科学史还能够用来论证许多著名科学家献身或曾经献身于人文主义事业,而且他们的科学还包含了人性的主要方面。但是这样的论点不应当在意识形态上用来压制对当代科学持批判态度的人们。爱因斯坦是有才能的小提琴手,奥本海默(Oppenheimer)写过诗,而且研究过佛教哲学,但这毕竟不是赞成科学的人性的真正理由。相反,科学史在这一点上倒是应当用来问一问,我们今天的大部分科学何以不再是人文主义努力的一种表达方式。

6. 科学史不需要实用主义的辩护,也就是说,不需要以当代问题为基准。科学作为一般文化和社会发展中的一个重要因素,自然会以宗教和经济学那样的方式,引起人们对其历史的关注。由于科学很可能是现代社会发展中最重要的因素,因此理解科学史就愈发显得很有必要了。按照这种观点,科学史除了揭示过去之外,并没有特别的目标。

这种类型的辩护是典型的投史学家所好,但对科学家们的感染力则很有限。赫伯特·巴特菲尔德在《现代科学的起源》(*The Origins of Modern Science*)的开头部分,作了如下推理(Butterfield,1949,VII—VIII 页):

> 考虑各门科学在我们西方文明史中所起的作用,简直不可能怀疑科学史凭本身的资格,同时又作为人文和科学之间长期以来所需要的桥梁,其重要性迟早都将被人们认识到。

38 被人们认为是一般文化史的一部分的非实用主义的科学史,常常与某种为科学史而科学史的态度并行不悖。许多杰出的史学家有这样一种主张,即认为这门学科应当得到培植而无须任何外部的辩护。他们认为,如果科学史学家们为彼此而写作,那么,科学史标准就可能最有把握,而且发展得最好。某些人对有外在动机的科学史持否定态度,他们告诫同仁防止职业科学史任由外在目标和有关要求所支配,柯恩便是这些人中的一位。他在 1961 年写道:目前,(Cohen,1961,773 页)

> 对科学史研究进行辩护确实不再有必要了。我们无须为探究两千多年来把世人皆知的一些优秀人才都吸引过来了的那种活动的起源和发展去寻找什么“借口”!……科学史学家人数众多以致能够撰写只需使其同行满意的学术性著作的时间为期不远了,这些著作的唯一要求就是高标准。

皮尔斯·威廉斯在一篇评论J. D.贝尔纳《历史上的科学》的文章中，同样表达了对这门学科纯洁性的关心。按照皮尔斯·威廉斯的看法，这部著作讲述的是一部“壮丽的神话”，这是在把外在目标作为目的去撰写科学史时，科学史如何能够在品质上堕落的一个例子（Pearce Williams，1966*b*）[①]：

> ……科学史是与其他任何学术领域一样需要技能和学术水平的一门专业性的、严密的学科。科学家是时候该认识到他研究的是自然，而别人研究的则是他了。他完全与政客一样有能力评价自己的活动，而科学史的情况也是这样。

现代科学史中，上述目标中的大多数至少对于某些专业人员来说是可以接受的。但是由于学科分支和各种观点的激增，可以说这些目标当中没有一个能使这门学科结合成一个整体。科学史的新近发展尽管被人们称为“新折中主义”，但还是包括了纯粹智识史的衰落。（Thackray，1980，16—20页）史学家们愈来愈想用其他的历史学科和方法，来整合他们智识的或非智识的主题。新的观点，尤其是社会和经济史所引起的新观点，已经被结合到这门学科中去。虽然科学史在 39
传统上所涉及的是科学家个体的贡献，但是它今天的关注范围却广泛得多，而且一般都转而注意集体现象。对民族、商行、政治力量、研究所以及科学社团进行研究的史学家们有如一股上涨的潮流，他们当中的许多人正受雇于他们所分析的机构。至于科学学科，传统上物理学在科学史中起着支配作用。最近几十年，对非物理科学，包括对地球科学、生物科学、人的科学和伪科学的研究，十分活跃。无论研究的是哪门科学或学科，其专业人员都日益认为科学史是一个历史领域而不是科学领域。

---

① Elzinga（1979）中讨论了对于科学史的纯洁性和适用性的各种态度。皮尔斯·威廉斯的纯粹主义态度不仅使他得出了科学家作为科学史学家一般都不称职的结论，而且还得出了哲学家应当远离这个领域的结论。（Pearce Williams，1975）

科学史的目标和实质作用问题，与我们能够从历史中学到的程度这个问题有密切关系。我们不能从科学史中学会如何解决具体的科学问题。但是我们借助于有关当代科学的历史知识，可以更好地评价和理解我们当代的科学。科学史给我们提供一种经验工具，用它，我们可以在不同程度上清楚地辨别潮流和关系。从这些东西当中，我们可以学会为了加强或削弱当前的趋势该如何行动。承认我们可以从科学史中学到如何更好地设计未来科学的某些东西这一事实，并不意味着接受了实用主义的科学史学。

科学史尤其给我们以有益的启示，使我们想到，今天科学运作所采取的形式，不仅是可能仅有的形式，而且还是从那些选择对象中做出的一种受制于社会的选择。参考已知的历史进程，可以给我们提供信息，使我们了解科学的哪些方面是科学的“自然”部分或者本身固有的部分；而且还会比较扼要地使我们了解哪些部分不是本身固有的，而是受文化制约因而是当代科学的社会背景部分。尤其是科学史，才教育我们认识到，对无价值的、在文化上独立的科学的信念是一个神话。正是科学史，而不是其他什么东西譬如哲学，教育我们认识到，被认为是一种绝对的、神圣的教义的**所谓**科学方法，乃是一种人工制品。

那些由历史引出的教训通常总是含糊不清的。尤其典型的是，根
40 据一大堆个案研究引出的教训，其基点并非都在同一个方向上，结果总是出现斟酌冲突证据的问题。这样一种斟酌不从理论上考虑就不能进行，而且这种斟酌包括的各种诠释总是要接受批判的。

作为例子，我们可以研究这样一个问题，即在何种程度上对科学采取实在论态度或工具主义态度“最好”或者最富于成效；也就是说，这两种态度中的哪一种最能保证科学知识的进步。从哲学观点看，这是一个重要问题。如果历史能够做出回答，那就必须通过斟酌科学进步中哪些重大进展是以实在论态度还是以工具主义态度为基础这个问题来回答。例如，如果历史毫不含糊地指出，所有的重大进步都是

实在论派科学家们的工作，而工具主义者们总是只有消极的影响，那么结论就是显而易见的了。艾尔卡纳(Elkana)就是用这种历史论点批评现代物理学中的工具主义的(Elkana,1977,257页)：

> 可以表明，过去那些我们认为是进步的所有发现，都是实在论者而绝不是工具主义者做出的。这也适用于20世纪，只有海森伯可能是例外。如果有人用个案史来处理个案史，这个论点可能富有成效。

除了结论之外，艾尔卡纳的论证也不令人满意。一个人总可以论证哪些科学家是实在论者，哪些科学家是工具主义者；而且一个人总可以论证哪些发现是“进步的足迹”。历史本身不能把这教给我们，但是它却能教育我们，并非**一切**重大发现都是由实在论者做出的，工具主义者并非总是阻挠进步。这是相当平淡的教训。

思考题

1. 人们关于科学史的目标有哪六种主要看法？它们各有什么理由和困难？
2. 就你所接触的科学史著作或者读物，你认为我国学术界、读书界和一般公众关于科学史的功能的看法有哪些？你如何评价这些看法？

第四章　历史理论基础

实证主义史学的四个假定—实证主义历史观不怎么可信—怀疑主义历史观—当下主义历史观

41 按照与实证主义相联系的一种史学理论，历史是以一系列经过充分的文献考证的事实为基础，而对过去所做的描述。实证主义史学以下列假定为基础：

1. 历史（即过去，H_1）是一种客观实在，这种客观实在是史学家所关注的不可改变的客体。

2. 史学家的任务就是按照过去的实际情况重建过去，即对过去事件的过程给出真实的描述。但是他的任务不是对过去发生的事件进行诠释或评价，不是在历史的基础上引出与当下或者将来有关的结论。历史研究就是把过去作为过去进行研究。这个纲领可以在兰克的一段著名语录中找到（Ranke，1885，VII 页；这里转引自 Marwick，1970，35 页）：

> 为了将来的利益而评价过去并且指导当下的职责，已经交给了历史。但是这种工作并不渴望承担这么重大的职责：它只是想（wie es eigentlich gewesen）①表明实际上发生了的东西。

3. 事实上，有可能“wie es eigentlich gewesen”撰写历史，即获得

① 德文，意为“按照过去的实际情况”。——译者

有关过去部分的客观知识。此外，这种认识论的客观性还含有这样的意思，即主体（史学家）可以与能够公正地考察、能够“从外面”加以理解的客体（历史事件）分离开来。另一位著名的史学家阿克顿勋爵（Lord Acton，1834—1902）表达了这种公正理想。在他打算撰写《剑桥现代史》（*Cambridge Modern History*）的计划中，他强调说，公正是优秀的历史研究的标志，撰稿人应当牢记在心的是（转引自 Marwick，1970，54 页）：

> 我们的滑铁卢必须是使法国人与英国人、德国人与荷兰人都同样满意的滑铁卢；而且如果不查作者名单，谁也分辨不出牛津的主教在何处停笔，费尔贝恩（Fairbairn）或者加斯奎特（Gasquet）、李伯曼（Liebermann）或者哈里森（Harrison）在何处续笔。

4. 可以把历史看成是简单的个别事实的有组织的集合，而采用 42
对原始材料持批判态度的方法去研究过去的文献，便能够发现这些事实。史学家最崇高的任务，就是揭露这些事实。只有搜集了所有有关事实，才能做出诠释，得出结论。萨顿把科学史学家与昆虫学家作过比较。（Sarton，1936，10 页）后者搜集和整理的是昆虫，而前者搜集和整理的是科学思想。

实证主义的历史观今天几乎不怎么可信。自 19 世纪末以来，许多史学家已经对上述纲领做出了强烈的反应。别的不说，天真地相信简单的历史事实是构筑历史之砖，自然就很成问题。（例如，极好的讨论见 Schaff，1977，181 页以下）要害在于，必须对“过去的事实”和“历史事实”加以区分。前者包括过去实际发生的一切，而后者则是由于历史文献中显现出其可靠性和重要性而被史学家所认可的资料。只有少数过去的事件获得了“历史的”地位。这种地位是史学家赋予它们的。历史资料本身不是从过去中找出来的，而是构造出来的。由于历史事实是某种评价和诠释的产物，因此它们与史学家的兴趣有关。至于某个事件何时具有历史地位，并且因此而能够进入历史事实的宝库之中，则不存在普遍认可的判据。

历史资料的相对性与这一事实是一致的，即过去的事实可以**变成**历史事实。这就是在以前未引起注意的科学贡献被“重新发现”的那些情况下所发生的事情；一个经典的例子便是第九章和第十七章中讨论的孟德尔(Mendel)发现遗传学定律的情况。反之，历史事实可以失去其特殊地位，回到被历史忘却的状态，成为纯粹的过去的事实。许多发现曾一度被认为是科学进步的里程碑，后来却被证明是平淡或错误的东西，结果失去了它们在科学史上的地位。它们不再是活生生的历史的组成部分。

于是，史学家积极地卷入历史事实的建构。所谓简单的历史事实，即实证主义的史学家希望将历史建立于其上的基本事件(或基本陈述)，在很大程度上就是这样的。正是史学家才对尽量简单地描述
43 事实感兴趣，从而人为地把某个特定事件从结构复杂的事态发展中分离开来。这在历史写作中不仅是合理的而且也是必要的策略。因此，考虑历史上发生的同一件事情但是却有着不同兴趣的两位史学家，总是不会由这件事情得到同样的简单历史事实。

尽管历史事实不具有人们认为它们所具有的真实、主体际的性质，但是它们当然也不是史学家的随意建构物。几乎所有的史学家都同意，把历史置于事实的基础之上而不是置于幻想、猜测或者痴心妄想的基础之上，这一点特别重要。但是在史学中，赋予事实的地位则存在着差异。对于实证主义的史学家来说，事实是神圣的，不能篡改；而历史作品通常总是倾向于仅仅揭示事实细节。与此相反，大多数现代史学家认为，精确地揭示事实本身并无价值。例如，卡尔(E. H. Carr)就表达了这种看法(Carr，1968，30 页；11 页)：

> 没有事实的史学家无根基而且轻浮；没有史学家的事实无生命而且无意义。……吹捧一位史学家的精确，就如同吹捧一位建筑师在他的建筑物中使用了干燥适度的木材或者和得很好的混凝土一样。这是他工作的必要条件，

却不是他的基本职责。

历史事实问题比单纯的历史地位问题要深刻。它也涉及何时某件事确实是一个事实。根据实证主义,纯粹的观察陈述的确存在,当理论框架中有变化时,这些陈述不会发生变化,因此它们无疑是真实的。英国医生、科学家威廉·吉尔伯特(William Gilbert,1544—1603)完成了开创性的磁实验,他在1600年出版的著作《论磁》(*De Magnete*)中对其作了讨论。人们公认,吉尔伯特的实验以及对这些实验的诠释受到了他的理论观点和世界观的强烈影响。但是,实证主义者总是断言,必须而且可能鉴别吉尔伯特的直接观察是事实,这些事实独立于他的理论,而科学史则必须以这些重建的事实为基础。然而,按照现代科学论,把事实与理论明显地分离开来则是一种虚构。在吉尔伯特《论磁》一书中,恰恰是构成纯粹"事实"的东西和构成"理论"的东西,依赖于后来的磁学知识,并且因此而与时间相关。[①] (Hesse,1960)所以,今天被广泛接受的关于观察依赖于理论的观念含有这样的意思,即在有关自然的真实陈述的意义上,不受理论影响而把过去 44
的经验事实分离出来,这也许是不可能的。但它并不含有这样的意思,即由于这个原因,科学史必定不再是真实的。史学家所寻找的事实,是历史事实而并非科学事实。例如,吉尔伯特持有特定的世界观,使他做了一些磁实验,并且用特定方式加以描绘,这就是一个历史事实。

当史学家发掘了他可以发掘的所有原始材料时,他就拥有了丰富的资料或事实。由于过去的事件只有非常有限的部分有记载,因此这些资料或事实就是过去所做出的某种选择的产物。为了把这些资料变成历史,史学家就得按照他想做出的安排作进一步的选择。这种选

---

① 确立绝对的科学事实的不可能性不只是与早期科学密切相关的一个一般特征。那些坚决主张建立他们对于这样的事实的说明的史学家们在现代科学方面也遇到了麻烦。支持这种断言的详尽文献,见 Shapin(1982)。

择过程便形成了一个建构的或者主动的元素,这个元素在某种程度上反映了史学家的世界观。许多因素,从个人好恶到哲学或政治立场,都会对带有主观色彩的历史产生影响。卡尔把这种情况推向了极端,他宣称:“当我们拿起一部历史著作时,我们首先关心的不应当是其中包含的事实,而应当是撰写这部著作的史学家。”(Carr,1968,22 页)这种教训也许不应当从字面上加以采纳。但是其中包含的一个重要的真理的内核也适用于科学史。具有不同世界观的史学家,自然总是选择不同的原始材料,把重点放在不同的因素上,因此就会得出不同的结论。在这些情况下,采纳所研究的史学家的观点倒是有教益的。以下几章,我们还会遇到几种这样的情况。

美国史学家查尔斯·比尔德(Charles Beard,1874—1948)在他对执着于事实的实证主义史学的批判中,考察了兰克的历史实践,论证了兰克的实践是如何丝毫都没有遵循他本人在其历史纲领中所鼓吹的东西的。[①] (Beard,1935)正相反,通过回顾可以看到,兰克本人的著作清楚地表达了与他那个时代的意识形态协调一致的一种政治上保守的态度。另一方面,兰克等人的历史实践没有遵循他们所阐明的纲领这一事实,并不是专门反对实证主义史学的论据。它也能用来反对比尔德和贝克尔(Becker)之类的怀疑主义史学家。他们的理论怀疑
45 主义或者相对主义并没有妨碍他们从事具体的历史研究,在这些研究中他们对历史事件给出了明确的解释,并且揭示出在他们看来实际上发生过的事件。

史学家对历史进程主动而又受控于社会的干预,解释了历史著作中的两个重要特性:第一,同样的主题和时期被掌握着同样原始材料的不同史学家做出了不同的描述和解释。第二,历史总是在重写。这

---

① 应当注意到,兰克的确不是 19 世纪意义上的实证主义史学家。事实上,他拒斥实证主义把历史还原为“社会物理学”的主张,并且强调关于过去的事实之和与过去的历史一点儿也不相同。

一事实只是部分原因，即发现了新的原始材料，迫使人们重写历史。更重要的是，对过去加以诠释在某种程度上是当下的职责。每一代新的史学家都用新的视角，用当时的视角看待过去。歌德用一种明确的方式表达了包括科学史在内的历史经常要重写这一思想：①

> 必须不时地重写世界史。……这么做的必要性不是由于发现了许多东西所致，而是由于后来某个时代的某个人采纳的观点而形成了新的看法，站在这些观点的高度可以用一种不同的方式审视和评价过去。各门科学中的情况也是如此。

让我们从许多例子当中简要举一个地质学史的例子。(Greene，1982，19—68 页)20 世纪，詹姆斯·赫顿(James Hutton，1726—1797)通常被描绘成现代地质学的真正奠基人、革命者和高度原创性的科学家。另一位地质学先驱亚伯拉罕·维尔纳(Abraham Werner，1749—1817)虽然没有被说成是反革命，却被说成是守旧的、思辨式的思想家。然而，在 19 世纪的大部分时间里，维尔纳至少在英格兰和苏格兰以外被认为是地质学的奠基人，而赫顿及其学派对地质学的影响则被认为是次要的，而且并非总是积极的。19 世纪中期撰写的各种地质学史对维尔纳理论和赫顿理论的作用做出了完全不同的诠释，而这些地质学史不一定比后一个世纪撰写的历史更不正确。某些现代地质学史学家论证说，赫顿的作用被夸大了，而维尔纳的体系毕竟是合理的，而且对地质学的发展来说是十分重要的。

有几位史学家反对实证主义历史观，支持怀疑主义的或相对主义
的历史观。激进的怀疑主义者总是坚决主张，我们绝不可能获得可靠 46
的历史知识，我们对过去一无所知；激进的相对主义者总是坚决主张，
对过去所做的一切历史描述都是同样好或同样糟。这里，我们将只限

① 引文出自歌德 1810 年出版的三卷《色彩学》(*Farbenlehre*)。这里译自 Canguilhem (1979，15 页)。

于把它们统称为怀疑主义历史观。比尔德给出了怀疑主义历史学说的以下说法(转引自 Schaff,1977,107 页):

> 史学家撰写历史,就有关次序和运动而言,他执行的是一个自觉信任案,因为对他来说,通过他正在处理的次序和运动的知识,关于次序和运动的必然性被否定了。……他的信念事实上就是信服人们可以拥有有关历史运动的真正知识,这种信服是一种主观的决定而不是客观的揭示。

比尔德和贝克尔都强调说,历史知识必定是间接的,因为它涉及的过去的事件是、而且总是不能直接观察的(Beard,1935,75 页)①:

> 史学家不是过去的观察者,过去超出了他所处的时代。他不能像化学家观察试管和化合物那样客观地观察过去。史学家必须通过文献考证的手段去"看"历史的实际情况。这是他唯一的依靠。

按照比尔德的看法,缺乏直接观察就意味着历史研究不能得到客观的检验,也不能由此而明确地把对象分为真假两类。遵循同样的思想路线,贝克尔坚决主张,史学家借以工作的历史事实不可能是过去实际发生的事情,它们超出了观察和控制的范围。(参见 Schaff,1977,10 页以下)史学家只能通过对这些事情的评价和陈述来进行有意义的工作。只有这些追溯性的陈述才构成了历史事实。这些东西不是实际的既往实在的精华,而是不能为历史本身所理解的那种实在的"符号"。

另一个支持怀疑主义的论点涉及历史知识必定不完全的特性。丹托(A. C. Danto)把这一事实与另一事实,即从某种意义上说历史陈述总是与未来有关这一事实联系起来。(Danto,1965)在时间 t_0 发生的历史事件总是在后来的某个时间 t_1 才得到分析。人们在更晚的时间 t_2 对 t_0 时发生的事情进行描述所采用的方式完全不同于 t_1 时的描述方式。这不仅仅是由于使用了新的选择和评价标准,而且也是由于
47 t_1 和 t_2 之间发生了一些事情,以致原来发生的事情被赋予了全新的特

① 对比尔德论点的严格的批判性的评价,见 Dray(1980,27—46 页)。

征。作为一个例子，丹托作了这样一个陈述，即“阿里斯塔科斯(Aristarchus)在公元前270年就先期用到了哥白尼于公元1543年发表的理论”。这是一个重要的、真实的科学史陈述，但它不可能由一位史学家在1200年以书面形式加以系统阐述。同样，许多有关过去的重要陈述只有在将来才能得到阐述，而且，由于人们假定将来是无限的，因此在任何一个时刻都将存在着不能系统阐述的无数真实而重要的历史陈述。

怀疑主义与所谓**当下主义**(presentist)历史观有着密切联系。按照当下主义的看法，过去本身绝不可能是史学家的终点，正相反，他必须用今天的视角看待过去，并且把今天的问题作为他的出发点，批判地对它加以评价。历史不是把过去而是把当下归诸它对于它的“实际需要”做出的反应。[①] 因此，历史必须而且应当承担义务。如果不是这样，它将是没有任何意义和趣味的死气沉沉的研究。正如一百多年前系统阐述了部分当下主义纲领的尼采(Nietzsche)所说，它将成为古董史而不是批判史。(Nietzsche，1874)

当下主义在20世纪已经成为具有不同形式的大众化的历史理论，作为意大利哲学家克罗齐(Benedetto Croce，1866—1952)对实证主义历史观激进反叛的结果，它更是如此。对当下主义持赞成态度的卡尔做出如下的结论(Carr，1968，26页，强调标记是我加的)：

> 史学家的职责既不是热爱过去也不是把自己从过去中解放出来，而是把它作为理解当下的关键去掌握和理解。

在克罗齐和他的某些信徒看来，当下主义以某种主观唯心主义为基

---

① 在这种史境中，不能在肉体需要的意义上理解“实际需要”。按照克罗齐的说法，实际需要可以是“道德的需要，即理解一个人的处境的需要，以便感悟、行动和美好生活能够继之而来。它也许仅仅是经济的需要，即辨别自己的利益的需要。它也许是审美的需要，比如理解一个词、一个典故或者一种心态的意义的需要，以便充分领会或者欣赏一首诗；或者是智识的需要，比如通过更正或者进一步阐述关于某个科学问题的措辞的信息，从而解决该问题，因为没有这种更正和阐述人们就一直困惑和生疑。”(Croce，1941，17页)

础,在这种主观唯心主义之中,历史是纯粹精神的东西。在另一些作者看来,当下主义观点与实用主义哲学有联系。在当下主义者强调历史是回答当代问题的一种手段,强调历史只有在它可以承担这个责任的范围内才是合理的这种观点中,可以看到上述关系。按照这种观点,现代实用主义奠基者之一、美国哲学家约翰·杜威(John Dewey,1859—1952)使自己成为某种当下主义历史观的代言人,便是可以理解的了。(Dewey,1949)在杜威看来,作为过去的历史并不重要。如同科学一样,历史是满足实际需要的一种工具。这样做的历史陈述才是正确的。

48 彻底的怀疑主义或当下主义的观点对科学史的渗透程度并不大。但是,在现代科学论和科学史中,柯林武德的观点则得到了某种响应,克罗齐的观点在较小的程度上也得到了响应。美国哲学家莫里斯·芬诺恰罗(Maurice Finnochiaro)曾经论证说,在科学史中,尤其应当接受克罗齐的历史观。他认为,克罗齐的理论就相当于史学家们的这个理想,即历史应当能够从智识上加以理解,历史应当能够对其听众和读者,即在世的人们产生影响。一个人如果像芬诺恰罗那样接受克罗齐的历史观,那他就会得出这样的结论——亦即芬诺恰罗引出的结论——科学史必须满足当下的某种需要。由于把科学史设想为对科学家们的问题的回答,因此实际科学家们对科学史的贡献就特别重要;而职业史学家们的工作就只会使古董商感兴趣。(Finnochiaro,1973,202 页以下)

这里应当指出的是,克罗齐的历史观至少在整体上不可作为某种背景而为严肃的科学史所接受;或者为其他任何种类的历史所接受。如果严肃对待克罗齐的理论的话,那么它就是对断言能够分清真假历史陈述的一切历史的否定。类似地,在克罗齐看来,原始材料的分析只不过是肤浅的按年代排列的作品。原则上讲,史学家没有任何原始材料就可以而且应当进行研究,因为历史完全是“我们得出的关于我们的最深层经验的一种真理”。(转引自 Schaff,1977,95 页)史学家实际上将准备接受什么呢?

按照卡尔的看法,罗宾·柯林武德(1889—1943)是 20 世纪唯一一位重要的英国历史哲学家,其唯心主义和主观主义与克罗齐的一样。按照柯林武德的看法,历史的客体并非由过去发生的事情组成,而恰恰是由关于这些发生了的事情的思想所组成的。史学家必须努力重新体验或者再现前人的思想。当他这么做时,他就会知道已经发生了的事情,而不需要关于这些事件何以发生的进一步信息和解释。“思想史,乃至一切历史,都是史学家在自己心中对过去思想的重演。”(Collingwood,1980,215 页)

柯林武德关于再现的想法,包括了一种特殊形式的历史理解,这里,史学家必须沉浸于过去的各种思想之中,追求与它们的某种赞同性的协调。由于用这种方式获得的理解只能适用于由思想引起的行 49
动,因此,只有这些行动才是形成历史实体的种种事件。按照柯林武德的看法,科学、艺术和政治属于这个范畴,而任何种类的自然事件则不属于这个范畴。这就导致了奇怪的结果,即传记描述不属于历史。柯林武德对此的辩护是,传记是以生物学事件——有关人的生与死——为基础而不是以智识事件为基础构造的。(Collingwood,1980,304 页)就柯林武德思想的价值而言,只有这个结果才应当为怀疑主义提供理由。把传记逐出历史的确是人为的。

柯林武德历史观真正成问题的部分在于重演的想法,在于断言何种思想能够重演。譬如,按照柯林武德的看法,为了理解阿基米德的思想,史学家就得用他自己的头脑重新考虑这些思想(Collingwood,1980,296 页):

> 我们不能重温阿基米德的凯旋或者马里乌斯(Marius)的苦难;但是这二人思考什么的证据却在我们的手中;在通过诠释我们所能知道的证据而在我们自己的心中重演这些思想的过程中,在存在任何知识的范围之内,我们所

> 创造的思想就是他们的思想。

但是,史学家如何知道他的重演已经成功?他正重新考虑的真的就是阿基米德的思想吗?柯林武德对此并没有提供任何判据,而似乎认为它是由史学家的直觉主观决定的。

柯林武德的再现实际上是历史使然者思想的**理性重建**。这样的重建不必认真采取使然者的真正思想,因而主要不是定向于真正的过去。[1] 而且,按照柯林武德的看法,并不是任何智识活动都能再现。只有反思的、有目的的智识活动,即与解决问题有关的种种思想,才是这种情况。(Collingwood,1980,308 页)

> 因此,任何特定的思想行为要成为历史话题,它就不仅仅是思想行为而且还得是反思思想行为,也就是正在执行的意识中所执行的并且由该意识所组成的思想行为。……反思活动是这样的活动,即在该活动中,我们知道什么
> 50 是我们要努力做的事,使得当做完这件事时我们由看见它与我们关于它的最初概念的标准或判据已经一致而知道做完了这件事。

例如,如果史学家要理解爱因斯坦的思想,他因此就得识别这些思想所针对的问题。但是,只有反过来通过由该问题的解所得出的结论才知道该问题;这就使柯林武德断定,我们只知道而且只能知道爱因斯坦的成功思想,也就是那些关于爱因斯坦实际解决了的问题的思想。这就导致我们绝不能说一位科学家或哲学家关心他不能解决的问题这一奇怪的结果;因为我们不会有任何关于这样的问题的历史知识。当然,这是一个不可接受的结果,因为我们确实知道爱因斯坦关于他

---

① 柯林武德把爱因斯坦的科学与牛顿的科学进行比较而对爱因斯坦的科学所做的评价清楚表明,理性重建的观念是柯林武德式的再现的一部分。爱因斯坦对于牛顿理论的了解,尽管基于现代教科书而不是牛顿本人的著作,但在柯林武德看来,却充分证明爱因斯坦再现了牛顿的思想。“因此,牛顿是以过去的经验留在史学家心中的那种方式留在了爱因斯坦的心中,这种方式就是,过去的经验被认为就是过去……但在此时此地随其自身的发展一起被再现出来的,而这种发展部分是建设性的或者积极的,部分却是批判性的和否定的。”(Collingwood,1980,334 页)至于现代理性重建理念,见 Lakatos(1974)。

没解决的问题实际所做的工作。所有的人在试图解决某些问题时都有过失败，而且在相当多的情况下我们知道这些没解决的问题。

柯林武德纲领的某些部分对科学史已经有了实际的影响。（参见Hall，1969，217—219页）这符合他的这一主张，即必须把历史陈述看作是对问题的回答，史学家应当把注意力集中在这些问题上；这也符合他的相对主义道德规范，即对于历史有关联的东西，并不是过去的陈述在绝对意义上真假到什么程度的问题，而是在问题的史境中如何能够理解它们；最后，这也符合他的这一主张，即史学家应当努力设想自己回到了过去。但是，正如克罗齐的情况一样，真的可以说，柯林武德的史学作为一个整体对于科学史来说是不可接受的。正如上面所指出的，它含有许多与现代科学史正奋力所做的直接冲突的元素。

支持怀疑主义史学所提出的论点中含有有价值的见识，但并没有为强形式的怀疑主义或主观主义辩护。那种与材料的选择和诠释的成问题的本质相联系的弱的怀疑主义并不含有努力区分历史中的真假没有意义的意思（亦见下一章）。激进怀疑主义或相对主义的史学家毕竟断言他自己的观点是真的，断言有利于它的论点比反对它的论点好。怀疑主义者甚至还得维持某些主张是真理而另一些主张是谬误。①

思考题

1. 实证主义史学有哪些基本假定？人们是如何对其进行批判的？
2. 怀疑主义历史观有哪些主要理由？这种历史观面临哪些问题？
3. 当下主义历史观与怀疑主义历史观有什么关系？

---

① 以强形式反对怀疑主义的反身性论点在逻辑上也许并不令人信服，但它肯定弱化了怀疑主义的立场。见Collins and Cox(1976，430页)。

第五章　历史中的客观性

历史客观性标准—科学知识≠客观知识—历史事件的不可重复性—不可观察的历史陈述—视角主义—胡伊卡斯二难推论—赫尔梅伦非客观历史检验程序—相对主义纲领

51 对历史事实客观性的合法批判，涉及一个事件何时是一个事实，但更多地涉及这个事件何时是一个历史事件。它对于实际上到底是否可以确定关于过去事实的客观真实的陈述，并未提出怀疑的理由。恺撒公元前 49 年跨过鲁比孔河是事实，达尔文生于 1809 年也是事实。尽管这样的资料并不构成历史的核心，但是简单地确立事实还是历史研究过程中的一个重要元素。弄清事实具有潜在的价值，即使这些事实当时不能得到解释或者不能置于某种史境之中。材料的确定是某种选择过程的结果，而且很可能受到主观影响的导向，这一事实不会使资料变得不怎么真实或者不怎么客观。它最多能够使资料变得不怎么有意义或者不怎么有趣。许多史学家都认为达尔文生于 1809 年并不重要，但是到底有哪一位史学家会真的不相信达尔文生于 1809 年呢？

史学家们对有关过去的事实感兴趣，那是由于它们可能具有历史地位，而实际上，这种地位也就意味着它们的历史意义。因此我们就得问，是否存在客观的（在绝对意义上）判据，给某些事件封以“有意义的”称号，而给另一些事件封以“无意义的”称号。缓和地说，答案是否定的。一般说来，不可能在某种绝对的意义上，即超越时间、空间和历史视角，去确定本身就有意义的事件。总是有可能按某种视角看待事件，使这些事件显得不重要。然而，在比较专门的历史作品中，忽视某些事件的自由将受到专业性质的限制。几乎不能想象，一部 19 世纪 52
的生物学史会认为达尔文的工作不是重要事件。达尔文体系的客观重要性，并不取决于人们在今天认为它重要，或者它引起了重要的当下问题。仅仅是由于达尔文主义在 19 世纪后期的科学和文化中所起的重要作用——不可否认的重要性——它就保证了自身在历史上的这样一种地位，即后来的生物学史学家，根据与今天所公认的原理相近的同样原理工作，就不能忽视达尔文的工作。

当怀疑主义史学家们坚持历史知识的主观本质的时候，通常就是设想这种本质与科学知识有关，把这种本质与科学知识的可靠性和客观性相比较。换言之，他们认为，“客观知识”与“科学知识”同义。但是，在科学中，实际情况并非如此。正像在历史中一样——即使确切地讲与历史中的方式不同——科学家选择有关事实，而且这些事实通常只有在某个特定的理论框架中才有意义。科学家也不能够阐明正在研究的现象的“全部真相”。在科学知识由不完全的真理构成这个意义上，科学知识也是不完全的。因此，由于历史具有选择性和不完全性而认为历史具有特别主观的本质，是没有理由的。历史知识的基础是真实性不能得到严格证实的原始材料，这是怀疑这种知识的品质的一个理由，而这个理由也不是事实。经验科学中的情况并非根本不同，经验科学建立在观察之上，而观察在原则上总是可以有质疑的。

正如上一章所提到的，对历史客观性的标准异议就是，历史事件不能直接观察，难以得到检验和实验控制。在这一点上，历史知识也被置于科学知识的对立面上，科学知识被看作是客观性的一个典范。然而，把直接观察作为客观真实知识的先决条件的思想，也是站不住脚的。（Bloch，1953，48—60 页；Nagel，1961，576—581 页；Atkinson，

1978,42—51 页)它以朴素的经验主义科学观为基础,这种科学观长期以来都表明是错误的。科学知识绝不会从"直接观察"中蹦出来,而是某种过程的产物,在这个过程中,人们把观察作为不同的可靠性的证据而加以选择和评价。我们把客观的本体论地位赋予原子核的原因,
53 就在于我们有它们存在的令人信服的证据。这种证据是间接的,它以对物质散射射线之类的研究为基础。没有物理学家在任何时候"直接观察到"一个原子核,而且将来也几乎同样做不到这一点。虽然如此,物理学家和史学家在认为我们关于原子核的知识是客观的这个问题上,也不会含糊。相反,动物学家也不会把尼斯湖水怪(the Loch Ness Monster)的存在当作一个客观事实来接受,即使它已被多次"直接观察到"。

值得注意的是,人文社会科学中许多最激进的反实证主义者乐意接受朴素实证主义的自然科学观。这就使得反对以科学为基础的历史、心理学或者社会学的论据变得不仅简单而且廉价,因为所要反对的东西实际上是一种幻象。我同意波普(Popper)的看法,他坚决主张,科学主义不是试图用自然科学方法,而是试图用那些被错误地当作自然科学方法的东西,在人文社会科学中开拓殖民地。(Popper,1969,189 页)

怀疑主义史学家也许会指出,历史事件与科学事实根本不同,因为历史事件不能重复,这样它们就不能成为实验控制的对象,而实验控制正是科学知识客观性的保证。虽然受控实验的确重要,但不是科学知识绝对必要的成分。科学中研究的许多事件是不可控制和重复的。大多数天文学和地质学问题属于这个范畴。此外,科学赖以运作的可重复性的本质包含着历史元素,而且事实上假定过去的事件可以客观地被认识到。当人们重复和对照实验时,就以默认某种恒久性和稳定性为基础,牵涉到某个时间过程。当科学家多年进行一系列类似的实验时,只有相信从较早实验获得的知识仍然正确,批判性的对照

才可能有意义。换言之，只有承认有可能拥有关于过去的可靠知识，这种对照才可能有意义。

总而言之，对有可靠的经验通道接近的当下，与已经被剥夺了这
种品质的过去所做的假定对照，经不起较严格的分析。如上所述，这 54
种对照与怀疑主义者们所说的另一种对照，即客观的自然科学与非客观的历史的对照，是相抵触的。如果关于过去的知识因为涉及过去而不可能是客观的，那么它必然不仅会应用于过去人类的历史，而且也会应用于包括古生物学以及地质学和天文学的大部分领域在内的过去的自然史。几乎没有人会准备接受这个推断。人们普遍同意，我们拥有研究过去的动物群的客观方法；我们知道恐龙曾一度生存着，即使人类从来没有直接观察到它们。

史学家常常在死人的证据，即不可能用他本人的观察进行检验的证据的基础上，引出结论。但是更多的历史结论完全不依赖于目击者的报告，而与自然科学中的标准归纳的性质相同。发现和研究过去的遗物的史学家所处的地位与古生物学家的地位相同。史学家研究来自过去的“线索”和“行迹”并对之加以诠释；化学家研究“线索”并将其诠释为分子变化的结果。正如史学家观察不到过去发生的事情一样，化学家也不会清楚地观察到分子。正如马克·布洛克(Marc Bloch)所指出的(Bloch，1953，54 页)：

> ……史学家仅仅通过别人的双眼，不可能真的看见在他的实验室里发生的事情。的确，直到实验结束之后，他才成功。但是，在有利的情况下，这些实验会留下他用自己的双眼可以看见的残余物。

此外，为了坚持怀疑主义学说，人们会被迫在客观的当代的历史和主观的过去的历史之间划出一条人为的、武断的界线。刺杀肯尼迪(Kennedy)总统是一个“直接观察到的”历史事件，必定被设想为可以被历史认识所理解的；而按照怀疑主义的看法，同样，谋杀恺撒却不是真实的。但是，究竟在哪些方面，我们关于刺杀肯尼迪总统的知识本

质上不同于我们关于谋杀恺撒的知识呢?

历史所关心的不仅仅是可能已经发生了的和一度是可观察的事件,而且还包括那些由于处在过去的位置上而不再能够观察的事件。历史也涉及不能够和从来都不会观察到的事件。不能勉强地确定时间和空间位置的所有事件的发展过程,都是这样。“法国19世纪的科
55 学教育制度的意义”便是这种论题的一个典型。像“第三共和国时期的科学受到集权主义教育制度的抑制”这样的陈述就是一个历史陈述,其真实性不会因为某位过去的单个观察者在第三共和国时期正生活在法国就能够由他得到保证。相反,这是一个只能够在后来被评价的陈述,换句话说就是只能够进行历史评价的陈述。这个陈述与“伽利略测定了物体从比萨斜塔上下落的时间”这样的陈述形成了对照。后一个陈述有可能被那一天碰巧正在比萨斜塔下的某位目击者证实。

历史所具有的客观性品质与物理过程所引起的客观性完全不同;在后一种意义上,客观性意味着完全独立于人的因素的主体际可检验的知识。如果硬要墨守刻板的经典客观性定义,那么历史客观性就只会是一个达不到的理想。胡伊卡斯在他为永不可能达到的客观性所进行的奋斗中,曾表达了史学家们的二难推论(Hooykaas,1970,48页):

> 那么,我们需要什么方法呢?客观的方法。但是客观性是不可能的!毫无疑问,这是不可能的,因为史学并不是纯粹事实的汇编:材料的选择已经含有某种主观性元素的意思在内,而且也就是评价。科学史学家本身就是科学家,这一事实影响了他对于什么重要什么不重要所做出的判断。但是,尽管史学家自己的政治、教育、社会、民族、宗教背景以及个人性格会不可避免地产生这种影响,我们还是坚决主张客观性的理想。然而,正如所有不可能达到的理想一样,它会使我们对自己怀着神圣的不满。

胡伊卡斯的二难推论依据的是绝对客观性的概念,这种概念反映了经验主义把认知过程当作对外界刺激的消极接受过程这样一种观点。

这种观点就是用于科学认知时也是不正确的。因此，有很好的理由抛弃绝对客观性，采用比较适当的客观性判据，更准确地反映认知的本质。

自然科学一般被认为是客观的这一事实，与高度一致的舆论以及在科学共同体中占优势的学科有关。与此形成对照的是，史学的舞台 56
显然为基本原理的讨论以及不可能有任何中性评价的各种极为不同的意见所困扰。起码，这是为一般人所接受的科学和历史各自的图景。如果接受这幅无争议的、客观的科学图景，那么比较起来，历史研究看来就必定是主观的了。但是，首先，一个人应当期望在两个学科中找到同一种客观性的理由并不存在。正如布莱克(Blake)考察历史客观性时所下的断言："我们可以承认，历史批判的标准以及通过了这些标准的东西，处于不断的变化之中，而不承认这是怀疑历史是否总可以是客观的的一个根据"。(Blake，1959，338 页)这是正确的，但是需要补充一句话，这就是，为一般人所接受的无争议的、客观的科学图景在某些重要方面是一幅错误的图景。科学的标准也处于不断的变化之中，尽管与历史中的情况相比，是以不怎么显而易见、不那么激进的方式发生变化的。

为了确立一个适合于历史的客观性定义，人们提出了许多建议。某些作者，包括马克斯·韦伯(Max Weber)和卡尔·波普这样差异很大的思想家，坚决主张所谓"视角主义"(perspectivist)观点。这个观点的核心，就是认为对某个问题的系统阐述——涉及的各种问题，选择的各种原始材料，当作历史事实来接受的各种事实，等等——是主观的，理性批判不能对其进行研究；但是系统阐述了的陈述可以客观地进行评价，而不必接受使这些陈述得以形成的视角。

按照波普的看法，对所选择的问题的解决办法，在于史学家对于任何引起他的兴趣的东西，都审慎地采用了预想的、选择的框架。(Popper，1961，150 页)这样一种框架或视角没有正式获得科学理论的地位,因为它们不能得到检验。波普是视角主义者,但不是相对主义者。他强调说,即使不能反对选择特定的历史视角,也摆脱不了用许多不同视角进行研究的责任,就是说,摆脱不了遵循某种多元论方法的责任。这也摆脱不了探察所有有关资料的责任,不论它是否符合这种观点。按照波普的看法,持视角主义观点的优点在于,“我们不必为那些对我们的观点没有意义并且因此而引不起我们兴趣的事实和
57 方面操心”(Popper,1961,150页)。但是史学家何以能够事先知道哪些是与他的观点无关的事实呢?断言某些事实不相干并不意味着它们就不相干。

大多数史学家认为,历史知识在比视角主义更广的意义上是客观的。沙夫(Schaff)曾经论证说,一个人可以使历史认识的能动主义本质——这门学科能动地参与历史过程这一事实——与历史是过去实际发生了的一个客观过程的论点一致起来。沙夫使用“相对客观的认识”这个术语,来表示对历史客观性来说是必不可少的那种相对性(Schaff,1977,275页以下;亦见Mandelbaum,1971):[①]

> ……只有这样的相对认知才可能是客观的:当一个特定的参照系已经选定,一个特定的研究目标已经约定的时候,我们便由此得到一个选择历史材料的自明的判据,这个判据可能不再是武断、主观的,而具有客观的性质,因为给定了参照系。

与相对主义的观点相反,历史陈述的真值并不依赖于这些陈述是由谁在何地何时以及何种情况下系统提出来的。主观因素不能够完全从历史中消灭。它是历史认知中一个必不可少的组成部分。但是这里所讨论的主观性的性质——如沙夫所称的“好的主观性”——与对历史事件的客观认知并非不相容。另一方面,“糟的主观性”则破坏历史的可靠性;它是由史学家的偏见、个人兴趣以及政治上的同情等引起

① 曼德尔鲍姆(Mandelbaum)提供了支持客观史学的详尽论证。

的主观性。这种主观性有助于产生意识形态,而不是产生知识。

人们至少可以试图提出某些历史陈述何以不客观的理由,而不去系统阐述历史客观性的某种一般性判据。这样的理由不可能是纯粹规范的,但必须反映目前的史学实践,反映史学家们或多或少对于历史陈述何时失去客观性的直观看法。例如,人们可能会提出,如果历史阐述 X 被认为是非客观的,那么它至少应当有某些缺点。(Hermerén,1977)如果 X 根本不能受到批判,人们就不会想到怀疑其客观性。但是什么样的毛病和缺点才足以给 X 打上非客观的标记呢?恰恰不是缺点;假若是缺点,那么就不会有什么有趣的说明是客观的了。X 可能含有虚假的陈述,但这既不是非客观性的必要条件,也不 58
是非客观性的充分条件。例如,与缺乏客观性相关的那些缺点是矛盾,是伪造材料,是蓄意的假陈述(谎言),是有偏见的诠释。出现这样的缺点,将使一个说明令人讨厌但未必使其不客观。

赫尔梅伦(Hermerén)曾提出需要满足的两个进一步的条件。第一,这些缺点应当使 X 误导,也就是倾向于给出一幅歪曲的历史实在图景。第二,该误导说明应当是党派性的,也就是应当有利于特定的社会利益。但是,党派偏见本身并不是非客观性的一个判据(实在可以是党派性的)。赫尔梅伦提出如下程序作为对一个历史说明 X 非客观程度的实际检验:(1)检查 X 中是否有缺点。(2)检查这些缺点是否使 X 误导。(3)识别在 X 中涉及的主体上牵涉到的利益和党派。(4)检查 X 是否有利于这些党派中的一个或多个。(5)检查这种偏袒化是否是由于 X 是误导的这一事实所致,即假若 X 不是误导的,X 是否还有利于这些党派。

这个客观性定义与历史直觉无疑很相符。但是与赫尔梅伦所相信的相反,它并不是可以跨越不同的史学观点而被采用的判据。持有极不同观点的史学家们也许会同意这个定义弄清了非客观性,不过却不会同意某个特定说明客观的程度。人们总是能够论证,从某个观点看是有缺点的东西，从另一个观点看却不是一个缺点。诸如“歪曲”“误导”和“偏袒化”之类语词的内容绝不是跨越不同观点而不变的。虽然实际上人们会就历史陈述的真值和客观本质达成一致，但几乎不可能确立一个超越史学见解差异的合用的客观性判据。然而，这种不可能性却不是历史研究所独有的特质。

现代史学家们在使用**真理**这一术语时十分小心，人们通常觉得它与历史研究不相容。一部历史著作会被判定为不适当的、片面的或有
59 趣的，但很少被判定为真的或假的。这部分是由于真和假是仅直接对陈述或者陈述的合取有效的谓词。当然，历史说明的确包含关于过去的陈述，但是这些说明与不能分解成为一系列这些陈述的叙述整体有密切关系。譬如，历史陈述即使含有假陈述也可以令人满意地被断定为真，反之，纵然它们由真陈述组成却未必被断定为真。从逻辑的观点看，前一类说明总会是假的，而后者却总是真的。

怀疑主义史学最近通过科学社会学在科学史中赢得了某些影响。按科学社会学和科学史的现代相对主义纲领的某些辩护者的看法，获得真的或客观的历史知识在原则上是不可能的。在最近的一项工作中，有人提出了如下论点（Gilbert and Mulkay，1984，124 页）：[①]

> 考虑到科学家们对他们的活动和信念说明中的……多样化，我们提出，不宜探寻能用于为历史描述和分析提供坚实基础的**任何**种类的资料。……只有上帝能够辨识处于多种多样的演员表演背后的历史实在。由于只不过是人，我们也就只得承认，史学家们和参与者们能够提出许多不同的历史说明并使它们证据充足。

因此，按照这种相对主义的看法，阐明过去真正发生了的事情并不是史学家的任务。他只能复制和思考科学家们关于他们的工作所提供的说明。这种相对主义以这个信条为基础，即科学家们自己的说明是

① 对吉尔伯特和马尔凯（Mulkay）进路的严厉批判，参见 Shapin（1984）。

科学史的最终原料。但是这是一个经不起批判的信条。正如我们在后面(第十三章)将要看到的,史学家往往能够揭示不利于或者超越科学家们自己说明的真相。

此外,强相对主义纲领暗示,科学家们的创造性行为即智识史的标准焦点是超越历史的或哲学的分析的。创造过程是史学家不应当关心的东西(Collins and Cox,1976,438 页):

> ……像波普一样,我们并不关心发现或者更确切地说创造性的史境;我们准
> 备把它作为一个“黑箱”来接受;……我们关心信条的接受和反驳过程,一个 60
> 想法一变成行动就开始了的过程。

但是创造性行为必定是可以分析的。史学家们不必把创造性作为一个“黑箱”来接受,对科学创造性的关心也不必把对“信条的接受和反驳过程”的关心排除在外。科学史的实践每天都在证实这一点。

思考题

1. 人们对于历史客观性的异议是什么?人们对这些异议又有什么反驳?
2. 什么是视角主义?
3. 赫尔梅伦提出的检验历史陈述的程序有什么积极意义和困难?

第六章　解　释

亨普尔演绎-律则模型的失效—罗尔-汉森和德雷的合理性模型—何以没与伪发现—伪解释—整体论、还原论与方法论个体主义

61 科学史的一个十分重要的部分是描述性的，即叙述何时发生了何事。尽管有这种实践，几乎所有的史学家仍然都同意，历史也应当是解释性的。对过去的纯粹描述并不具备真正的历史资格，而是稍微有些屈尊俯就地被人们称为记事作品的那种东西。

显然，并非所有发生的事情都需要解释。特别地，我们要把那些新奇而非凡的事情置于比较熟悉和已知的经验基础之上，对其加以解释。科学事件应当按照它们发生时所通行的规范加以评价和解释。可以认为某个时期的规范就是该时期科学共同体所承认的一切。在这一点上，鉴别某一时期的规范，就很重要。按照戴维・奈特(David Knight)的说法，“恢复规范本身[是]有趣的，应当是史学家的首要任务”。(Knight，1975，32 页)

鉴别了某个特定的规范，这本身就可以构成解释的一个基础。如果我们问一问某个理论为何被人们接受，或者某个实验为何被人们用某种特殊的方式加以诠释，那么，把它与当时盛行的标准相一致这个事实联系起来，这本身就可以是一种解释。相反，一个违反规范的事件则需要独特的解释。在这种情况下用作解释基础的规范，当然应当是当时的规范，而不是我们的规范。

对于什么东西应当算作历史解释，主要有两种类型的主张。一种主张受到自然科学中使用的因果解释的鼓舞，而另一种主张则强调要用动机、原因、理解等字眼表示的更明确的历史解释形态。实际上，许 62
多史学家在工作中利用解释，就好像解释某件事情为何发生就是陈述这件事的原因似的。这种鉴别在塞缪尔·利利(Samuel Lilley)的下面一段话中表现得特别突出(Lilley,1953,58 页)：

> 任何历史研究都必须经过两个阶段。首先是记述事件——重要之点是在描述的意义上，发现确切发生的事情以及确切的发生时间。做完了足够的记述时，便达到第二步——现在的问题就是确立事件之间的因果关系，理解这些事情何以像它们发生的那样发生。

人们讨论得很多的一个因果模型，就是卡尔·亨普尔(Carl Hempel)1942 年提出的模型，按照这个模型，历史事件按照律则和演绎的方式得到解释。[①] (Hempel,1942)亨普尔模型亦称 D-N[演绎-律则(deductive-nomological)]模型或"覆盖律理论"。它与实证主义的科学理想有密切联系，因为它把自然科学中的解释模式通盘搬进社会科学和历史科学之中。根据亨普尔的看法，解释背后的原理如下：如果一个事件 X(被解释项)能够解释，那么 X 必定能够从两个前提集合中演绎出来，这两个前提集合构成了解释的主体(解释项)。有一系列资料 c_1，c_2，……，c_n(前件)和一系列一般规律 L_1，L_2，……，L_m，这些一般规律覆盖 X 和 c_i。在形式语言中：

$$\begin{array}{l} c_1, \quad c_2, \cdots\cdots, c_n \\ L_1, \quad L_2, \cdots\cdots, L_m \\ \hline \text{所以：} \qquad X \end{array}$$

① 稍做修改的说法重刊于 Hempel(1965,231—243 页)。亦见 Gardiner(1952)。律则知识与客体的非特殊的、可一般化的方面有关，被认为是典型的类别而不是个体的客体。

典型的这类解释可以回答"这发特定的炮弹何以击中这个特定的地方"这个问题。在这种情况下,c_i 是初始和边界条件(炮筒的射角、炮弹的质量和初速度,等等),而 L_i 是力学定律。我们一旦指明了 c_i 和 L_i,也就解释了该事件。值得注意的是,D-N 模型的逻辑结构含有这种意思,即解释与预言等价。如果某人在 X 发生之前就知道 c_i 和 L_i,那么他就能够预言 X,而 X 也可以算作是一种解释。

亨普尔和 D-N 方案的其他辩护者们认为它是一个规范的解释模型,而不是一个描述实践中实际上所使用的一切或者大多数解释的模
63 型。至于涉及历史,只有极少的解释符合 D-N 模型,部分原因是覆盖律在历史中没有正常地得到系统阐述。然而,为了捍卫该模型的恰当性,人们坚持认为,覆盖律事实上被用于标准的历史解释之中,不过它们是暗含于其中而已。例如,如果它们没有得到系统阐述,是因为它们是关于人们正常地或者一直那样行事的很普通的陈述。这样的类定律陈述也许是关于任何一个有理性的人在某种特殊情况下行事的陈述。

我们考虑这个问题,即:"开普勒(Kepler)何以认为火星的轨道是椭圆的(而且不是圆形的)?"(例子取自 Finnochiaro,1973,39 页)

按照 D-N 模型,可以从形式上做出如下解释:

$c_1 - c_{n-1}$:　开普勒认为 $R_1, R_2, \cdots\cdots, R_{n-1}$ 是真实的。

c_n:　开普勒是一位用理性进行思维的人。

L:　任何承认 $R_1, R_2, \cdots\cdots, R_{n-1}$ 真实的用理性进行思维的人都会断定 p 是有根据的。

所以 X:　开普勒认为 p 是有根据的。

这里 p 代表"火星的轨道是椭圆的",而 $R_1, R_2, \cdots\cdots, R_{n-1}$ 诸陈述涉及开普勒有关火星的知识与信条,其中包括第谷·布拉赫(Tycho Brahe)的经验资料。

但是，不能认为对开普勒思想提出的 D-N 解释是一个令人满意的历史解释。史学家感兴趣的是，为什么开普勒发现了火星轨道的形状，而其他科学家却没有发现。如果按照 D-N 方式想象，那么这样一种解释就得在 L 中涉及开普勒本人。但是，它是不可能以某个一般定律为基础的。

许多科学事件是某位特定科学家特有风格的结果，不能依赖于对“任何有理性的人”来说都是有根据的那些活动。例如，开普勒相信，必定存在 6 颗行星，它们离太阳的距离与 5 个正多面体的几何结构有关。开普勒的同时代人信奉哥白尼的世界体系，他们与他一样也认为有 6 颗行星；但是与正多面体的联系则是开普勒所特有的，并未在其他“有理性的人”当中赢得支持。相反，它被认为是思辨的、不合理的东西。因此，就开普勒的理论而言，人们不能使用与理性行为有关的某个覆盖律。人们不得不使用 L 中的某个表述，而 L 则涉及开普勒特有的观点。

发现是创造性的革新，而不是“任何进行理性思维的人”都能够从 64
资料中引出的逻辑结论，这是发现的真正本质，因此，似乎不可能根据 D-N 模型演绎地对发现加以解释。科学发现可以得到理解、解释和分析，结果在这种情况下，它们就显得好像是很有根据，颇为合理。但是，D-N 模型不适合于这种目的（Finnochiaro，1973，52 页）：

> 说对科学发现所做的令人满意的解释被定律所覆盖，就是主张科学行为中所包含的认知行为是受规则控制的行为；但是受规则控制的行为不具有创造性，而创造性正是发现的本质：因此，如果科学发现要包含创造性行为的话，那么就有必要把它们解释成规则不符合行为的情况；也就是说，对它们进行解释应当不受规律的约束。

D-N 模型的基本缺陷，是其解释并不导致洞见或理解。许多史学家坚决主张，当一个行动成为可理解的东西时，它也就得到了解释。如果读者感到某个历史叙述是“讲得通”的，结果理解了所发生的事情的话，那么，描述与解释之间的联系就将有保证，他也就不觉得需要进一步的解释了。加利(Gallie)写道，“在某种适当的意义上，每一个[好的]历史记述都是自我解释的”。(Gallie，1964，108 页)理解一个人的行动，一般就在于阐明行为背后的意图，或者陈述使历史使然者对他的行动起作用的那些动机或原因。在这些情况下，人们可以有意图地或者有理由地谈到解释。这些解释不同于亨普尔类型的解释，它们不是律则性的。

在像理解那样的解释概念中，含有一个有吸引力的假定，这个假定就是，实际上我们不会认为对某个行动的解释是可接受的，除非我们也理解了它。另一个有吸引力的特征就是，按照这种观点，解释也许仅仅在于陈述使某个行动能够发生的条件，这些条件未必是必要的。根据 D-N 模型，“为什么 X 在 t 年发现了 P”这个问题，要求有被解释项必然由之推出的小前提。但是，大多数史学家将认为，X 在相
65 同的情况下或许没能在 t 年发现 P；或者说，或许另外的某个人在这一年发现了 P。

为了具有客观性，借助小前提的解释必须假定，人们对于某个行动何时“讲得通”这个问题可以取得一致意见。由于当一个行动合理时这些解释诉诸常识或感觉，因此这些解释就被称为**合理性解释**。罗尔-汉森(N. Roll-Hansen)提供了一个合理性解释的例子。20 世纪初，生物学家们讨论进化变异是持续的还是间断的。在两个群体即孟德尔信徒和生物统计学家之间发生了一场激烈的论战。数年辩论之后，大多数生物学家采纳了孟德尔信徒们提供的答案。为什么呢？罗尔-汉森论证说，可以通过说明生物学家们有好的科学理由这样做来解释这一事件：“在对生物学家们偏爱孟德尔主义的解释中，既无必要包括心理学因素也无必要包括社会学因素。按照理性主义的观点，它只是作为根据普遍接受的方法论规则而最受支持的理论而出现的。”(Roll-Hansen，1980，513 页)

德雷(W. H. Dray)发展了合理性解释概念,替代了 D-N 模型。(Dray,1957)按照德雷的看法,历史解释就是对行动的规范重构,即以历史使然者正常起作用的方式评价合理性这种方式的建构。如果说明使然者的行动是理性的,如果证明他有“好理由”像他做的那样做,解释就成功了。如果说明该行动极为荒唐,这就会使它莫名其妙。德雷属于人数众多的历史理论家群体,他们虽然总的来说有不同观点,但都把史学家的任务看作是对历史事件的理性重构。波普、劳丹(Laudan)、拉卡托斯和柯林武德属于这个群体,亨普尔也属于这个群体。

有一个例子可以说明合理性解释的本质。(根据 Laudan,1977,166 页改写)让我们假定一个生物学家琼斯(Jones)接受了孟德尔遗传
学理论而拒斥生物统计学家的理论(参见上述内容)。史学家想知道
琼斯接受孟德尔主义的原因。一个解释可能就是“因为孟德尔理论有
压倒性优势的经验支持”。但是如果用“因为有压倒性优势的经验证
据**反对**孟德尔理论”来回答这个问题,人们就会觉得这个答案根本就
不是解释,尽管它**可能**是真的。如果琼斯支持孟德尔主义时,有压倒 66
性优势的经验证据反对它,那么只要假定琼斯是一个正常的、理性的
人,我们就会认为,是由于其他原因琼斯才支持孟德尔主义的。

合理性概念本身受历史和文化变化支配。在历史解释中人们应当依靠哪种合理性呢?是史学家所认为的理性的(当下)合理性呢,还是历史使然者所认为的理性的合理性呢?对于“当理论有强有力的经验支持时每个理性使然者都接受这些理论”这条规律来说,事实上没有被接受的时期,人们会使用诸如此类的规律吗?这个问题涉及史学家对尽可能好的原始材料揭示出的历史使然者的实际行为和事件的实际过程作为解释的接受程度;或者说涉及他是否应当批评该使然者没有带着充分的合理性行事,换言之质问该使然者的动机是否很好地建立得与当时(或当下)的合理性规范有关。就科学史和思想史而言,

劳丹做出了以下回答(Laudan，1977，188 页)：

> ……如果我们能够说明某位思想家接受了在该情况下真正最合用的某个信念，那么我们就觉得我们的解释任务完成了。用这种方式考虑问题暗含着假定，即当一位思想家做的是理性地做的事情的时候，我们不必进一步考察他的行动的原因；而当他做的是事实上非理性的事情的时候——即使他相信它是理性的——我们就需要某个进一步的解释。

因此，按照劳丹的看法，历史使然者本身对于什么是理性的看法未必应当作为解释的基础。劳丹似乎假定，何时行动“事实上”是理性的这样的绝对判据的确存在，因此应当使用它们。但是，与科学史教训相称的合理性的绝对判据并不存在。如果在评价历史事件中使用了合理性的现代标准，那么几乎可以肯定，这将导致时代挪动。

通常认为，历史解释是对何以如此这种问题的回答。芬诺恰罗批判了这个假定，并且论证说，就涉及的发现而言，解释是对何以不如此这种问题的回答。(Finnochiaro，1973，53—55 页)按照芬诺恰罗的看
67 法，人们不应当问“为什么伽利略发现了抛体的抛物线轨道”，而应当问“在伽利略之前为什么没有发现抛体的抛物线运动”。这两个问题并不等价。要对第一个问题发表意见的史学家必须给出伽利略做出这个发现的实际原因；愿意回答第二个问题的史学家则必须陈述阻碍更早的科学家们做出这项发现的境况。何以没(why-not)问题极为有趣，而且是我们非常想知道其答案的一个问题。在某种意义上，我们觉得，抛体的抛物线轨道**应当**被伽利略的前辈们发现。

然而，许多发现都是这样一种使我们为之大为惊讶的发现，即为什么某个时候人们做出了这些发现，而为什么更早的时候却没有做出这些发现。这些发现都是出人意料的发现。拉姆塞(Ramsay)和雷利 1894 年发现惰性气体氩，就使科学共同体大为吃惊，因为尚无理论根据猜测大气中存在着新元素。相反，否定这种新元素倒是有周期系这样的理论根据。因此，要问“1894 年之前为什么没有发现氩”就不会富

有成效，而“为什么 1894 年发现了氩”倒是一个有趣的问题。

科学史必须能够用它对于当时被接受的发现所采用的同样的说明方式，去说明伪发现。从历史、认识以及社会方面看，伪发现与发现之间并无重大差异。[①] 我们现在称之为伪发现的东西就曾一度被科学共同体或科学共同体的部分成员所接受。N 射线、J 射线、皮尔当人(Piltdown man)、卡默勒蟾蜍(Kammerer's frog)、海克尔深海原生物(Bathybus haeckelii)、亚电子以及假元素，便是上个世纪以来伪发现的例子。(见 Shapin，1982；Dolby，1980)

得到全面考察的 N 射线的情况，也许可以作为伪发现的一个例子。(Nye，1981)1903 年，法国物理学家勒内·布隆洛(René Blondlot，1849—1930)报道说，有一种他称之为 N 射线的新的放射物存在；接下来的几年中，许多科学家研究了这种放射物的性质。然而，大约在 1908 年，人们得出结论说，N 射线根本不存在。布隆洛的发现与 X 射线和放射性的发现这样一些更像样的当代发现极为不同，它是不真实的。但是，由于我们知道 N 射线是一种伪现象，因此要问 1903 年之前为什么没有发现 N 射线便显得荒唐了。使我们吃惊而且我们想要解释的是这一事实，即 N 射线毕竟被发现了。对这个事实的解释必定 68
包含着社会学成分。“何以发现了 N 射线”实际上的意思就是，“何以承认 N 射线具有发现的地位”。布兰尼根(Brannigan)认为科学发现的特征在于其社会地位，这就形成了与传统解释非常不同的一种解释。“必须在某种文化中看待发现的发生，不是从什么东西使这些发现得以发生这个自然主义问题出发，而是仿效温奇(Winch)和维特根施坦(Wittgenstein)，从它们何以被认为是发现这个问题出发，去看待发现的发生。”(Brannigan，1981，70 页)“为何承认 X 具有 P 的发现者

① 可以认为解释的对称性要求与科学社会学中的所谓强纲领有关。按照强纲领，对于真理与错误、成功或失败，对科学知识的解释应当是无偏见的和对称的。(Bloor，1976，5 页)

的地位”这个问题，必定能够用与回答“为什么 X 发现了 P”这个问题颇为不同的方式来做出合理的回答。

人们希望在科学史中解释的事件在性质上是多样的，因此不能用完全相同的方法加以解释。人们尤其应当分清个体事件和集合事件，后者是包括了许多人而且常常发生在很长时期内的事件。“哈维发现血液循环”是一个个体事件，而“英国的工业革命”则是一个集合事件。

包括波普、沃特金斯(J. W. Watkins)和哈耶克(F. A. Hayek)在内的几位作者论证说，“直到我们从有关个体的气质、信念、智谋和相互关系的陈述中演绎出对大尺度现象的说明，我们才会得出对这些现象……的最低解释”。(Watkins，1959，505 页；亦见 Hayek，1952)因此，以超越个体的规则为根据的“整体论”解释没有正当的理由。这种观点叫作方法论的个体主义。按照这个学说，以“时代精神”“阶级斗争”“社会权利”或者“智识环境”为基础的解释都是伪解释。按照波普的看法，方法论的个体主义声明，“我们必须努力把一切集合现象都理解为由于个人的行动、相互影响、目的、希望和思想，由于个人所创造和维护的传统所引起的现象”。(Popper，1961，157 页)这种主张的意思并不是说，想解释工业革命的史学家不得不考察参与工业革命的每个人的行动、观念和动机；他把他的解释置于(而且实际上是不得不置于)“理想”或者“无名”个人的行动、观念和动机的基础之上，是有道理的。

69 赞成方法论的个体主义的理由之一，就是人们必须把解释的基础置于某个已知的东西之上；这个已知的东西被诠释为能够直接观察的东西。只有可直接观察的量才能用作解释的基础。沃特金斯说：“对抽象的社会结构的理论理解，应当从与具体的个体有关的更多的经验信念中导出。”(Watkins，1953，729 页)这是可直接观察性神话的另一种说法，正如我们已经看到的(第五章)，不能采用这个说法。这个学说尤其不适合于历史解释，因为人们没有接近个别历史现象的途径。

即使如部分当代史中的情况那样，这些现象能够观察到，它们也不能成为可直接观察的东西；个别现象的辨识总是包含着诠释。

波普、沃特金斯和哈耶克的还原主义的、方法论的个体主义，作为对肤浅的整体论和社会决定论的批判，含有有价值的否定水平上的特色；但是它作为一般的历史解释的一个必要条件则应当被摈弃。许多集合现象就不能还原为个体现象，不能在纯粹个体主义的基础上得到解释。如果把历史解释限制在以个体的、可被经验证实的量为基础的解释上，那么就只会以解释为数极少的现象，并且是以较糟的解释而告终。

思考题

1. D-N 模型用于历史解释会遇到什么困难？为什么？
2. 什么是合理性解释？举例说明之。
3. 什么是方法论个体主义解释？举例说明之。

第七章　假设的历史

假设史学—克娄巴特拉鼻子难题—逆事实陈述及其两种形式—其余情况均同—历史因果性

70 历史上发生的事件，因为它们处在过去的位置上，因而不能重新创造或者加以控制。由于这个原因，通常认为在历史著作中不能接受假设的(hypothetical)或者与事实相反的(contrary-to-fact)陈述。例如，李约瑟(Joseph Needham)说："对这个问题进行考察，即假若某个事实的历史发现者不曾在世，这个事实是否会被另外的某个人所发现，必定是无益的，而且很可能是没有意义的。"(Needham，1943，12 页)

与事实相反的陈述，就是以某个已知的实际上虚假的假定，也就是以不可能与已知事实相符的假定为基础的陈述。这样的陈述也叫作逆事实(counterfactual)陈述。这类陈述相当于带有虚假陈述 P 的"假若"条件句。就 X 是事实而言(不论 Y 是否发生)，"假若 X 不是事实，Y 就不会发生"就是一个逆事实陈述。例如，X 可以是"麦克斯韦系统阐述了电动力学"，Y 可以是"无线电被发明了"。在某种意义上可以说，这个陈述是有关过去的假设的陈述；不过所不同的是，已知这个假说的前提(非 X)是虚假的。通常，假说是其真值尚不知道的陈述，但是启发性地应用这样的陈述，就会演绎出可检验的陈述，去支持或削弱该假说。

我们不可能知道，假若麦克斯韦根本不曾在世的话，无线电是否会被发现；因为不考虑麦克斯韦实际上确曾在世这一事实，我们就不可能谈论麦克斯韦时代的历史情况。逆事实的历史似乎预设，可以把单个的历史事件从其史境中抽取出来，而除了几个事件之外不会干扰其他任何事件。按照许多持“整体论”观点的史学家的看法，这种预设根本就是不合理的，因为所有的历史事件都是相互联系的。假定实际 71
发生了的事件没有发生，就会以某种完全不可预言的方式改变后来的一切事件。

尽管有这些异议，尽管事实上我们肯定不能确定逆事实的历史情况的真值(见下文)，然而它们在历史中还是有价值的。实际上，逆事实的问题在科学史中并非不常见。按照贝尔纳的看法，“我们不仅应当问这项发现是如何做出的，而且应当问它在此之前何以没有做出，以及假若历史的进程不同情况又会如何”(Bernal，1969，1297 页)。贝尔纳接着便提供了这样一种逆事实情况的例子(Bernal，1969，1297 页)：①

---

① 注意，贝尔纳似乎认为解释应当是对何以没问题的回答，因此同意芬诺恰罗的观点。贝尔纳逆事实阐述的对于放射性发现的解释幼稚得令人吃惊，是常常被批判为“克娄巴特拉(Cleopatra)鼻子史学”的一个例子。(参见 Carr，1968，93 页)[克娄巴特拉，通常指克娄巴特拉七世(前 69—前 30)，埃及马其顿王朝末代君主。先后与其两个兄弟托勒密十三世(前 51—前 47 执政)和托勒密十四世(前 47—前 44 执政)及儿子托勒密十五世(前 44—前 30 执政)共同执政。曾与罗马将军、独裁者和政治家恺撒(Julius Caesar，前 100—前 44)结成政治和军事联盟，是其情人和妻子。恺撒在元老院遇刺身亡后，与恺撒原来的部下、罗马将军和执政官安东尼(Mark Antony，前 82 或前 81—前 30)结成政治和军事联盟，并成为其情人和妻子。在恺撒的主要继承人屋大维(Octavian)即后来的罗马帝国第一代皇帝奥古斯都(Caesar Augustus，前 63—公元 14)击败她与安东尼的联军之后，埃及被罗马控制。历史和文学作品中称克娄巴特拉貌美，额宽鼻高。法国数学家、物理学家、哲学家、散文大师、思想家帕斯卡尔(Blaise Pascal，1623—1662)在其《思想录》(*Pensées*)中多次说到克娄巴特拉。他说，“虚荣。爱之因果。克娄巴特拉”。(见 A. J. Krailsheimer 的英译本，London：Penguin Books，1995，13 页)又说，“考虑爱之因果就是对人的虚荣的最好证明，因为爱能够改变整个宇宙。克娄巴特拉的鼻子”。(同上，58—59 页)其更直接的说法是，“任何人想知道人的全部虚荣，只需考虑爱之因果。此因乃说不清道不明之物。其果可怖。这种难以说明、微妙得我们无法辨识的东西，搅乱了整个地球、君主们、各支军队和全世界”。他还说，“克娄巴特拉的鼻子：假若它矮一些，整个地球的面貌都会不同”。(同上，120 页)这就是著名的“克娄巴特拉鼻子难题”(the crux of Cleopatra's nose)的来源。——译者]按照贝尔纳，贝克勒尔(Becquerel)的发现是“科学史上的一个真正意外”，是与彭加勒(Henri Poincaré)的偶然谈话引起的。(Carr，1968，734 页。顺便提及，这次谈话发生在 1896 年而不是 1897 年。)然而，正如巴达什(Badash)说明的(Badash，1965)，放射性的发现远非意外。

> 例如,假若昂利·彭加勒和贝克勒尔 1897 年的偶然交谈没有发生,也许晚许多年才会发现放射性。但是它毕竟不可避免地发生了,因为许多后果可以归因于它,而诠释就困难多了。假若放射性的发现被推迟,人类历史的结局就完全不同了。第二次世界大战和原子裂变纯粹是偶然碰到一起的。假若原子弹早 4 年出现,我们完全会在整个大战期间都用上这种炸弹……

发生的事件何以像它们发生的那样发生,这样的问题当然是历史的一个重要部分。然而,这样的真实问题也可能逆事实地加以系统阐述,当提出这些问题是试图把握事件之间的因果联系时,尤其如此。如果 A 和 B 是实际事件,"B 由 A 引起"也可以用公式表示为"如果非 A,则非 B",这就是一个逆事实陈述。作为一个一般规则,以规律为基础的解释就含有逆事实陈述。[1] (Nagel,1961,589 页)不考虑逆事实的史学,与否认作为解释基础的规律的合法性是一回事。

当一个人断言麦克斯韦的电动力学是发明无线电的原因之一或重要的先决条件时,这就是一个涉及实际事件的陈述。假若电动力学不是按照麦克斯韦系统阐述它的方式那样得到系统阐述的话,无线电就不会发明;或许,无线电的历史就会走上与它走过的道路不同的道路。这个逆事实陈述的两种说法并不等价。"如果非 X,则非 Y"与说
72 X 是 Y 的必要条件是一样的,因此是一个强主张。"假若 X 没有发生,那么 Y 就不会按它发生的方式那样发生"则是一个较弱但常常是更为合理的主张。它没有排除 Y 仍然会在较晚的时候以及以不同方式发生的可能性。

通过使用假定其余情况均同的(ceteris paribus)从句,换言之就是通过使用其他一切情况都保持不变的假定,也可以形成假设的史学。这个想法就是稳定处理正在被研究的因素之外的一切因素,使得这些关系能够孤立地、在没有其他因素"干扰"的情况下加以研究。假定其

---

① 逆事实条件句在科学理论中的作用是一个复杂的问题。比如见 Goodman(1955,13—35 页)和 Suppe(1977,36—45 页)。

余情况均同的这种类型，其论据就是逆事实的，因为其他一切情况均不相同。一个特定的历史事件 X 总是以难以预测、在很大程度上是未知的方式，影响到许多其他事件。如果我们想研究 X 在何种程度上是 Y 的原因，我们就可以假定那些所有的其他事件都不受 X 的影响。在这种情况下，我们研究的就不会是实际的历史，而是假设的历史。

由逆事实的情况形成结论时必须小心。例如，认为“如果非 A，则非 B”的意思是“B 的原因是 A”，那就不完全正确。我们借助于逆事实陈述总是不能找到 B 的原因，这有几个理由。(Gould，1969)可以用大意为假若 A 没有发生则世界依然如故这样一个假定其余情况均同的从句，来评价“如果非 A，则非 B”的有效性。例如，我们必须假定非 C，这里 C 表示把 A 作为必要原因的事件。我们还必须假定非 D，这里 D 表示 A 的充分原因。由于我们通常并不具备有关过去的因果关系的可靠知识，因此我们不可能知道包含了哪些 C 和 D，以及这对于其他事件有什么后果。

即使能够证实“如果非 A，则非 B”这个陈述的有效性，也仍然不足以证实 A 就是 B 的唯一原因。历史的因果关系常常是“弱的”，这里“如果 A，则 B”并未排除除 A 之外 B 的其他原因。在这些情况下，“如果非 A，则非 B”这个陈述与“A 是 B 的原因”并不等价。“假若托勒密(Ptolemy)有一个好望远镜，他就不会创造他的天文学体系”，这是一个合理的历史陈述，是逆事实地系统阐述出来的；不过它的意思并不是“托勒密创造其天文学体系的原因是他没有一个好望远镜”。在一个史学家看来，后一个陈述简直就是胡说八道。 73

假设的科学史陈述可能是指出不同研究纲领的依赖性或独立性的一种手段。例如，库恩就写道，爱因斯坦的早期研究纲领是“一个几乎独立于普朗克(Planck)纲领的纲领，以致即使普朗克不曾在世的话，这个纲领也几乎肯定会导致黑体定律”。(Kuhn，1978，171 页)这是一个逆事实陈述，因为普朗克确曾在世而爱因斯坦并未发现黑体定律。库恩希望强调的是,爱因斯坦纲领背后的完整逻辑是这样一种逻辑,即爱因斯坦纲领独立于普朗克纲领,而且暗示了由普朗克首先取得的成果。当然,库恩和其他人肯定都不知道,如果没有普朗克,黑体定律是否还会被发现。不过从爱因斯坦早期著作中,可以找到很好的论据,说明如果其他一切情况都相同,这件事就会发生。

假若爱因斯坦实际上独立于普朗克而发现了这个定律,情况就会大不相同。例如,一个人或许会偶然发现未发表的爱因斯坦手稿,这些手稿表明爱因斯坦发现了该定律。那么,这就会是一种同时独立发现的情况,而且库恩推想的猜测就会成为历史知识。因此,已经提到的这种类型的逆事实问题,在某些情况下可以用强有力的"是"来回答;也就是说,在同时独立发现的情况下可以用"是"来回答。如果 A_1 在时间 t 发现了 X,而 A_2 大约在同时但又独立于 A_1 也发现了 X,那么就可以断定,即使 A_1 不曾在世,X 大约在时间 t 也会被发现。显而易见,这种可能性仅适用于肯定的回答。"假若 A_1 不曾在世,X 就不会发生",这不可能用同样的方式得到确认。要么 A_1 是唯一发现 X 的人,这种情况下它就是一个一般的、悬而未决的逆事实陈述;要么 A_2 同时独立地发现了 X,这种情况下该陈述就是虚假的;要么 X 根本就没被发现,这种情况下该陈述没有意义。

戈格斯·卡古黑姆曾经论证,抛弃与遗传学奠基人格里高·孟德
74 尔的历史意义的评价有关的假设的史学,是站不住脚的。假若藏有孟德尔论著和文章的布吕恩修道院在1865年被烧毁,那么生物学史会是什么样子呢?假若发生了这种事情,或者孟德尔发表了的作品不见了,那么孟德尔就不会被"重新发现"。由于当时孟德尔大概没有什么影响,因此他根本就不会在生物学史中出现。这样的一种历史在今天是假设性的,但在19世纪末却是十分现实的。直到1900年孟德尔定律被重新发现之后,史学家才可能认为孟德尔是生物学发展中的重要人物。

人们公认，在回答假若孟德尔的同时代人对他评价较高，生物学的发展会是什么样子这个问题的努力中，包含了某种形式的时代挪动。另一方面，不问这个问题，并且不佯称孟德尔在19世纪生物学史中不是一位重要人物，人们就会觉得不自然。卡古黑姆对假设的史学做了如下辩护(Canguilhem，1979，143页)：

> 一个人会以谁的名义要求抵抗这样一种诱惑[假设的孟德尔的作用]呢？一位史学家，无论他属于什么学派，都不否认这种可能性，即他可以通过想象可能发生的事情去理解发生了的事情，并且通过设想或者排除构成原因的因素去理解发生了的事情。对某种可能前景的想象性建构，不是从否认过去的实际过程的努力中得出来的。相反，它强调的是与人的义务有关的过去的真正历史本质，无论这种义务是科学家的还是政治家的；它净化了对那些或许类似于支配命运的一切东西的历史说明。

思考题

1. 什么是逆事实陈述？它在历史研究中有什么作用？
2. 为什么说由逆事实的情况形成结论时必须小心？举例说明之。

第八章　结构与组织

历史同时性与时代顺序同时性—时期、学科和科学家重要性—关于科学革命的两种观点—发现者、传播者、兜售者、组织者和宣传者—水平史—垂直史—主题不变性论点

75 史学家的结构框架，其中就包括了历史时期的划分。显然，时期划分是史学家的事而不是历史的事。尚未发现客观的或自然的划分方式内在于事件的历史进程之中。然而，这并不是说，组织历史材料的一切方法都同样好。有关现代科学的史学中兴起了一种传统，这就是按照所讨论的世纪来划分年代学时期：20 世纪的科学，19 世纪的科学，18 世纪的科学，17 世纪的科学。这种划分在它没有反映科学发展的内在趋势的意义上，是武断的。物理学史中划分 19 世纪和 20 世纪碰巧合理，而在生物学史或者地球科学史中的情况则不是这样。

人们采用的时期通常按照年代顺序排列，为的是让这些时期随着线性时间简单地展开。但是，不必认为年代学上同时发生的事件也是历史上同时发生的。例如，人们可能根据事件之间或多或少的自然的联系，决定把它们放进某些时期之中，希望这样能够反映科学内在的或逻辑的发展。如果这样，那些“走在其时代前面”的科学家，就可以被移到比人们认为他们自然所属的时期在年代学上更晚的

时期。[①] (Olszewski，1964)然而，这种分期很可能导致时代误置的历史，即关于发展原本会如何发生、也许原本如何发生的虚构故事。如果有人把德谟克利特的原子论看作与波义耳的在历史上是同时的，或者把达·芬奇关于航空的想法看作与李林塔尔兄弟同时，那他就将不可避免地歪曲了发展的实际进程。毕竟，时代顺序的、线性的时间是历史分期的天然参照系。就是说，从过去到现在发生的事件之间的因 76
果联系，是遵循线性时间的。依据其他参数而不是通常的时间进行分期，可能会便于说教，但应当谨慎地使用。对于少数使用循环的时间概念的作者来说，历史的同时性和时代顺序的同时性不必完全相同。例如，奥斯瓦尔德·斯宾格勒(Oswald Spengler)宣称，根据他的循环的时间观和历史观，笛卡儿和赫拉克利特(Heraclitus)是“同时的”，因为他们在两个文化圈里代表着类似的阶段。(Spengler，1926)

关于科学发展或者某门特定学科的发展的综合性著作的作者，还得面对这样一个问题，即对于不同的时期，应当赋予怎样的重要性(实践中就是：给多少页篇幅)。对这个问题的回答，涉及史学的选择。并不存在本身就比其他时期更有意思的时期，即不存在独立于理论考虑的更有意思的时期。在某些科学史中，中世纪几乎就不出现，而在其他的历史中，中世纪则占据着主导位置；没有人能够说清楚何者居先更有道理。对不同的时期应该给予什么样的分量这个问题，与萨顿、贝尔纳、辛格、沃尔夫(Wolf)等人有关，他们撰写了覆盖大的时间跨度的综合性历史。[②] 但是今天，认为存在对某些主题或时期的天然的优先权的信念已经被抛弃了。

---

① 奥尔斯泽斯基(Olszewski)建议，史学家应当利用“与所考虑的进程内在逻辑相一致的时期划分”。(Olszewski，1964，195 页)因此他提出，航空学史上，应当把达·芬奇大约在1500 年的想法，看作比蒙哥尔菲(Montgolfier)的气球飞行(1783)晚。按照奥尔斯泽斯基的看法，达·芬奇的不成熟考虑与李林塔尔(Lilienthal)的滑翔飞行(1891)必须被看作是历史上同时代的。对使用历史中非年代学时间的更一般性的辩护，见 Kracauer(1966)。

② 萨顿讨论了历史时期的相对重要性问题，见 Sarton(1936，20 页以下)。

科学史学家们曾经讨论,在何种程度上所谓的科学革命是真还是假,也就是说,是否存在一个从哥白尼到牛顿的自然的历史时期,在这个时期,自然哲学转变成现代科学。自迪昂以来,几位史学家坚持认为科学革命是一种错觉,因为通常与健全的科学相联系的所有成分,早在中世纪晚期都能找到。根据迪昂的看法,17 世纪并不是一个特别有意思的或者革命的时期。它只是某个进化过程的一个暂时的顶点,这个进化过程具有远远地追溯到中世纪的根源。迪昂传统中的中世纪研究专家克龙比的态度如下(Crombie,1953,1 页):

> 现代科学将其多数成功都归功于使用了归纳和实验程序,这些程序构成了通常称作"实验方法"的东西。……13 世纪西方哲学家们创造了对这种方法
> 77 至少是定性方面的现代的、系统的理解。正是他们,把希腊的几何学方法转化成为现代世界的实验科学。

相反,另外一些史学家(柯瓦雷、霍尔、巴特菲尔德等人)认为,17 世纪是一个真正的革命时期,是典型的科学世纪。因为这个理由,他们沿着与这个时期相关的历史往上进行分期。柯瓦雷持有这种观点,他就这个问题说道(Koyré,1968,21 页):①

> ……中世纪和现代物理学发展中明显的连续性[卡弗里(Caverni)和迪昂非常强调的一种连续性]只是一个错觉。当然,确实有一个没有中断的传统,从巴黎唯名论者的著作通向邦内德提(Benedetti)、布鲁诺(Bruno)、伽利略和笛卡儿的著作……迪昂由此引出的结论却是一个误会:一场准备充分的革命仍然是一场革命……

克龙比与柯瓦雷能够有如此不同的科学革命观,这个事实要用他们对什么是现代科学的特征的不同看法来讨论。如果批判进路、实验和逻辑技巧(归纳与演绎)与实践取向被看作是科学的本质,人们就会站在

---

① 在柯瓦雷的术语里,"现代物理学"的意思是指 17 世纪的物理学。

克龙比一边，被导向一种进化观。在这种情况下，科学革命这个术语仅仅是一个空洞的标签。另一方面，柯瓦雷的科学观不同，因而他的分期相应地也不同。根据柯瓦雷的观点，科学的本质是在对自然的研究中运用数学方法，以及以数学为基础的理论优于经验这个信念。对科学理论的视角决定了科学革命是否是一个真实现象的程度。在既不是克龙比也不是柯瓦雷提出的某种社会史的视角中，现代科学的特征是其建制化和社会结构。从这个视角，自然就会把 17 世纪看成是一个革命时期，但这就从不同于柯瓦雷的目的走向了柯瓦雷的目的。

分期和历史标签不能在所讨论的时期内找到，从这个意义上说，它们通常都是回顾性的。作为科学史的一条组织原则，科学革命主要是当前世纪的一个产儿。[①] 不过，史学家当然有权独立于过去所持的观点来组织他的材料。分期表达了对包括过去、现在和将来在内的某 78
个整体的一种评价。在许多方面，关于科学革命的“实在性”的讨论通常都是热烈的，这种讨论也许看起来没什么意思。只要人们认识到这样的问题取决于视角，只要人们避免把 17 世纪当作科学诞生的意外时代这个早期维多利亚式的说法，那么，是否把这个时期称作一场革命，就无关紧要了。

科学史包含许多不同的、单个的科学。例如，与解剖学相比，一部科学通史应当强调天文学怎样的重要性呢？对这个问题真的要再次说，不存在自然的或者客观的答案。也许在某个时期，天文学比解剖学发展得更快，引起更多的兴趣。但这并不暗示，史学家对于天文学所用的篇幅必须比解剖学多。他可以合法地主张，从他的科学史视角看，解剖学更有意思，因而值得更详尽地论述。

传统上，科学史被物理科学所支配，在低一点的程度上还被生物学所支配。尽管最近像地质学这样不怎么有魅力的科学也碰到了不

---

① 科学革命的概念由一些法国学者于 18 世纪末引入。见 Cohen(1976)。

断增长的历史兴趣，但对物理学的专注仍在延续。地质学在科学史中占据的位置何以比物理学的低，这并没有客观的理由。但情况就是这样。从更广阔的视角看，对物理学和生物学的专注的确不幸。正如莫特·格林(Mott Greene)所评论的(Greene，1985，102 页)：

> 任由学生撰写第 n 篇关于某地接受达尔文主义的论文，或者 $n+1$ 篇关于牛顿生活小节的论文，而几乎不考察科学的某个完整分支(而且是具有类似引人入胜的哲学意蕴的一个分支)，似乎……近于无责任感。在这样的领域中，学生当有机会生产原创的、有价值的历史作品，而不是把尸骨从一个墓地搬往另一个墓地。

从成功的科学工作通常被赋予高度的优先考虑这个意义上，“成功”似乎是历史重要性的主要判据。判定一位科学家成功，要么是因为他的作品在以后的发展中被表明是重要的，要么是因为他是他那个时代的科学中的一位顶尖人物。在第一种情况下，历史重要性与科学真理相联系，后一种情况下则与特定的社会境况相联系。不应当混淆这两个
79 判据。不能抽象地或逻辑地理解历史重要性。存在于历史重要性与科学真理之间的任何联系，都是偶发的事情。

赖尔(Lyell)被认为是地质学中一位非常重要的人物，主要但不仅仅是因为，与更早的学说相比较，他的均变体系包含着一条基本的真理:通过今天仍在继续的缓慢的自然过程，可以解释地球的地质史。赖尔的对手艾利·德博蒙(L. Elie de Beaumont，1798—1874)[1]的工作没有在同样的意义上开拓，但艾利·德博蒙在现代地质史中却仍然处于高峰。不论对与错，他的观点对地质学共同体产生了巨大的影响。“尽管从现代观点看，他的各种理论古怪奇特，”格林写道，“但必须认识到，它们已经维持了对地质构造学发展的深刻而持续的影

① 艾利·德博蒙，法兰西地质学会创始人之一，曾担任法国矿物委员会主席。提出第一个完整的矿脉理论以及地壳五角格结构假说。不过，一般认为其理论远没有其实际工作那样成功。——译者

响——一种比赖尔大得多的影响。”(Greene,1982,121 页)

专注于成功的先驱工作,也许会导致时代误置的史学。而且,这也许还会导致与同时代科学的历史有关的问题。由于现代科学事件到此为止的生命期短,因此就很难评价它们是否是开拓性的。想象一位史学家,他在 1690 年打算撰写一部同时代的物理学史。如果他把他的工作置于这个判据的基础之上,即只应当给那些成功的划时代的发现以高度的优先安排,那么,牛顿的《原理》很可能就只会以无足轻重的方式出现。不用说,一位 100 年后撰写历史的史学家,就会用一种非常不同的方式来判断牛顿《原理》的优点。

传统上,科学史学家主要关心的是伟大科学思想的创立。谁首先创立了这个或那个理论?该理论是怎样、在何时形成的?诸如此类的问题长期支配着科学史,结果科学的发展被描绘成为连续的伟大发现。(参见 Agassi,1963,7 页以下)这幅图景含蓄地假定,发现本身就足以说明科学的增长;一旦做出这些发现,它们就自动地进入科学知识的主体。然而事实上,重要的发现经常被否定或者被拒斥。发现很少立即起作用。因此,有很好的理由来唤起人们对由发现产生的思想的扩散和进一步发展的重要性的关注。

传播科学理念的方式是科学社会史和科学地理学的自然部分。 80
它对科学的认知内容也是重要的。① (Dolby,1977)科学从一个环境传播到另一个环境时,是靠一个选择过程发生的,这个过程决定了科学的哪些部分应当存活,哪些部分不应当存活。懂得如何销售一项新发现的科学家,其重要性并不亚于发现者。因此,对于在 19 世纪化学史中斯坦尼斯劳·坎尼扎罗(Stanislao Cannizaro,1826—1910)所给予的关注,应当同给予比他更著名的同行阿莫迪欧·阿伏伽德罗(Amedeo Avogadro,1776—1856)的注意同样多。阿伏伽德罗 1811

① 见多尔比(Dolby,1977)。克兰也讨论了科学传播的各种机制(Crane,1972)。

年提出了分子假说,这个假说今天以略有变化的说法归于他的名下。但是阿伏伽德罗的意见半个世纪都没有怎么得到关注,坎尼扎罗在1859年只是“重新发现”了它。坎尼扎罗本人并未做出任何重大的发现,但他却有力地、相当成功地推广了分子理论。在1860年的卡尔斯鲁厄(Karlsruhe)国际化学大会上以及后来在其他场合,他论证了阿伏伽德罗假说的论证理由,这个假说最终被确立为化学的基石。①

有些情况下,科学的兜售者、组织者和宣传者并不是活跃的科学家本人。即便如此,他们在科学的发展中仍然起着非常重要的作用。人们可以发现亨利·奥尔登伯格(Henry Oldenburg,1618? —1677)就是这样的一个例子,他是伦敦皇家学会的秘书和首要驱动者(primus motor)。奥尔登伯格担当着为他那个时代的幼年科学提供洁净房子的角色,并且在期刊尚未确立为科学交流体系的一部分的时候,一度在全欧洲收集和传播信息。他是最早的科学期刊之一《皇家学会哲学会报》(*Philosophical Transactions of the Royal Society*,1665)的创办者。虽然奥尔登伯格本人从未做过任何科学研究,但人们必定认为他与17世纪科学史上的任何人相比都并不逊色。

组织科学史的一种方式就是将其分为“水平”和“垂直”两个断面(图1)。这里,把水平科学史理解为对给定的狭窄主题的整个时期的发展的研究;如某个科学专业、某个问题领域或者某个智识主题。某些情况下,给定了时间界限,就可能分辨出主题的起源(t_0)和“灭亡”
81 (t^+)。另一些情况下,上限就是当前(t')。这种情况经常出现,是因为在时间上追溯某一特定主题的原因常常与该特定主题的当下重要性相联系。水平史典型地就是学科史或亚学科史。

垂直史是组织科学史材料的另一种可供选择的方式。垂直倾向

① 然而,坎尼扎罗的卡尔斯鲁厄演讲立刻使化学家们确信阿伏伽德罗假说是真理,这个常常被人重述的故事是一个传说。此外,坎尼扎罗当作“阿伏伽德罗假说”所推广的,实际上与阿伏伽德罗在1811年所提出的并不相同。见 Fisher(1982),以及 Morselli(1984,176 页以下)。

的史学家从一种本质上更具学科际性的视角开始，所关注的科学只被看作是某一时期的文化生活和社会生活的一种元素。这种元素不能和该时期的其他元素分离开来，它和这些元素一起形成了“时代精神”的特征，而这种时代精神恰恰就构成了这种类型的科学史的真实领域。水平史是科学狭窄部分的一部电影，而垂直史则是整个情形的一张快照。

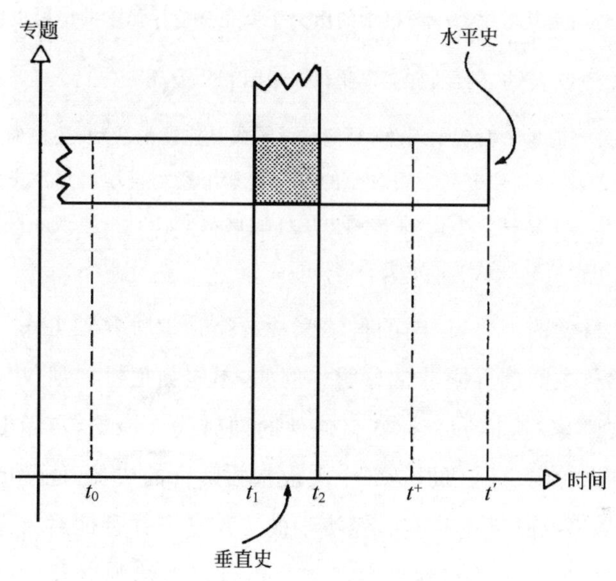

图 1　组织科学史的两种方式

沿垂直轴的主题可以是一门科学学科、一个问题领域或者一个概念主题。

在水平组织的历史中，史学家把某个特定的学科或问题从当时的其他学科中分离出来。这种进路有陷于时代挪动的危险，因为它实际 82
上依赖于学科连续性假设。如果史学家采用狭窄的水平视角，那么，对专业之外的问题的依赖也许就显露不出来。学科的水平史易于成为苍白的扼要重述，成为学科内部各方面产生、发展和衰落的记录。这样，它不但相对没有趣味，而且也被人为地限制了。研究几何学发展的数学史学家不能容许自己只研究纯几何学；他必须准备研究艺术、建筑、哲学、制图学和物理学,也许还有其他几个领域的历史。

通常,某个特定时期的某个科学专业将会与该时期的其他元素相联系或有共通之处。正是劳丹称之为研究传统的这个复杂整体,构成了科学史的实际单元。(Laudan,1977,173 页)按照沃尔夫·勒朋尼斯(Wolf Lepenies)的看法(Lepenies,1977,59 页)①:

> 不考虑相邻学科的发展就不可能撰写出一部学科史,无论这些相邻学科是其榜样还是其对手。……科学的历史研究完全拒斥孤立的单科史。

戴维·奈特也表达了类似的态度(Knight,1975,25 页):

> 要恢复当时那个时代的评价,要把科学看成是连续的活动,要使原始材料具有意义,就必须研究某个相对短的时期里某个宽的科学谱系。史学家们倾向于从当下钻一个小孔,穿透到史层(strata of history);应当好好建议他们更加周密地看看某个特定史层的内容。

根据现代科学的划分,以前的科学家常常跨越学科界限工作。他们并不认为学科之间的界限非常分明。例如,不应当把哥白尼仅仅看成是一位天文学家;这样一个标签会使他的同时代人惊讶,实际上也会使哥白尼本人惊讶。哥白尼是一个大教堂牧师会的成员,他学的是医学和法律,从事的是理论和实践经济学的工作——并且他对天文学也感兴趣。如果把天文学家的哥白尼与官员、医生、律师以及人文主义者的哥白尼分离开来,那么,不仅只会给出这位波兰学者的一幅歪曲画像,而且还会脱离哥白尼的天文学观点与在其他方面支配其生活的活
83 动之间可能的垂直联系。这也适用于更早时期的大部分其他科学家:布丰(Buffon)不只是一位博物学家,莫佩尔蒂(Maupertuis)不只是一位物理学家,赫歇尔(Herschel)不只是一位天文学家,斯蒂诺(Steno)不只是一位地质学家,普里斯特利不只是一位化学家。

---

① 勒朋尼斯对传统的学科性的"科学史"和新的学科间的"科学的历史研究"做了区分。

尽管可能引起对水平组织的学科史的批评，但追随勒朋尼斯完全抛弃这条进路也是错误的。至少在某些情况下，有可能辨识早期的学科和专业主题而不犯时代挪动的错误。这些主题恰恰很少与现代主题完全统一，很少经过漫长时期而不变化。脱离重要的垂直整合联系所冒的风险大小，取决于所研究的时期和学科。学科的日益分离，是自 19 世纪、20 世纪之交以来发展起来的高度组织化和专业化的科学的特征。因此，就关注的是现代科学而言，水平地组织历史就不那么成问题。是否需要采取垂直的、跨学科的进路，这不是一个原则问题，而是一个历史偶然性问题。

虽然垂直组织的史学避开了与辨识贯穿较长时期的稳定的学科相联系的问题，但会遇到其他问题。那些采纳奈特和勒朋尼斯的建议，并研究某个短时期的科学，包括一般地研究该门科学与智识生活和社会的整合的史学家，也许将脱离关于所分析的境况的历史原因而获得的知识。选择时期或者学科群的任意程度，常常不亚于水平倾向的史学家划分其领域时发现的任意程度。

包含水平和垂直两种特性的一种特殊的历史组织方式，与**历史主题不变论点**(the thesis of invariant historical themes)或简称为不变性论点(the invariance thesis)相联系。这个论点就是，可以把历史看成是在十分重要的文化分支中的不同时期出现的数目相对较少的恒定主题或思想单元上的变化。根据思想史不变性论点的一位重要代言人阿瑟·洛夫乔伊(Arthur Lovejoy)的看法，可以把思想单元比作元素的原子：正如可以把成百上千的化合物理解成几种原子的结合体一样，可以把思想史上复杂而极端不同的形式设想为几个思想单元的 84
结合体。(Lovejoy，1976，5 页)由于它试图整合构成文化的不同元素，并且同时从时间上弄清这些元素，因此，可以认为这个论点是防止水平史学与垂直史学冲突的一种尝试。洛夫乔伊对这个论点的描述如下(Lovejoy，1976，15 页)：

> 假定……就是,一个给定概念、一个明晰或者不言而喻的预设、一种类型的精神习惯或者一个特殊的论点或论据,如果要充分理解其本质和历史作用,其运作方式就需要通过显示那些运作方式的人们的思考生活的一切方面,或者通过史学家的机智所允许的那么多方面,进行连贯地追溯。它由这个信念所产生,即在这些多于一个以上的领域之间所共有的东西比通常所认识到的要多得多,在智识世界里,那些极为多样的领域中常常出现同样的思想,它们有时以伪装出现。

自洛夫乔伊以后,有很多作者发展了不变思想单元这个论点。物理学家兼哲学家门德尔·萨克斯(Mendel Sachs)就是其中的一位。他写道(Sachs,1976,25 页):

> 我的论点就是,哲学家和科学家所寻求的关于实际世界的真理以抽象和不变关系的形式出现,这些形式独立于它们可能运用的理解范围,不论是艺术、科学、宗教哲学,还是任何其他智识学科,而且,就这些关系可能表达的那些不同历史时期而言,它们是不变的。用理论物理学语言来说,我坚决主张的是,相对性原理——自然规律独立于它们能够表达的参照系的主张——同样适用于支配人类理解,即思想史的演化的那些关系,就像它适用于恒星、行星和基本粒子的无生命世界的自然现象一样。

按照萨克斯的看法,通过考察迈蒙尼德(Maimonides,1135—1204)和斯宾诺莎(Spinoza,1632—1677)的神学和哲学观点,这个论点就得到了支持。这些观点呈现出与物理学中的现代场论的“类似”或者“一致”,就像它们从法拉第到爱因斯坦所显示的那样。于是,场概念就被当作一个不变的思想单元。以同样的方式,几个史学家曾经选定了他
85 们认为是古典自然哲学与现代科学中的概念之间惊人相似的东西。例如,塞姆伯斯基(Sambursky)认为,相对论中的空间概念与在亚里士多德那里发现的空间概念“并非不同”;斯多葛派的灵魂概念与牛顿的以太概念具有“密切的相似性”,而且与现代物理学的场概念“并非

全然不同”。[①] (Sambursky,1963,96,135,137 页)他得出的结论是,“科学的思维模式的内在逻辑经过世纪的过渡和文明的来去却一直保持着不变”。(Sambursky,1963,203 页)

不变性论点已经被杰拉尔德·霍尔顿(Gerald Holton)发展成为所谓的主题分析。(Holton,1973 和 1978,亦见 Merton,1975)按照霍尔顿的看法,人们可以有利地把先驱性的科学工作诠释为建立在根本的、可能是无意识的概念、方法和约定的基础之上,这些概念、方法和约定在研究过程中起着“私人”动机或者约束的作用。这些**主题**常常不被科学家承认,而且很少出现在正式的科学论述中,在这种意义上,它们是非科学的。某位科学家所致力的那些主题不必来自科学。它们可能形成于早些年,或者是任何类型的影响的结果。[②] 像其他形式的不变思想一样,主题没有理论的地位。它们的合法性不能被经验检验或者通过合理论证确立。

霍尔顿所用的主题分析集中在某个短时期和个体科学家上,因而不同于不变性论点的洛夫乔伊版本。换言之,它是被垂直地而不是水平地使用的。然而,霍尔顿认为,科学史中只存在几个主题,而且产生新主题的情况极为罕见。“不管在最近的将来,进展看起来将会如何剧烈,它们都将很可能仍然主要根据当前使用的主题所塑形。”(Holton,1978,10 页)霍尔顿所考虑的主题典型地以论点对——诸如演化/退化、充实/真空、等级制度/统一体、还原主义/整体主义以及对称/非对称之类的对偶形式出现。

然而,无论不变性论点如何鼓舞人心和有趣,都应当谨慎地使用

---

① 另一个例子,见 Gunter(1971),这里认为哲学家柏格森(Bergson,1859—1941)在爱因斯坦之前几年就提出了现代相对论宇宙学的要点。不变性论点的其他版本涉及更复杂的范畴整体世界观。弗莱克(Fleck,1980)1935 年发展了一个不变的、集合的和原型的思想理论,他将其用于医学史研究。至于稍微类似的概念用于新近物理学的历史,见 Brush(1980)。

② 在这一点上,霍尔顿的主题类似于福伊尔叫作同感(isoemotional)原理或者目的论(teleological)原理的东西。见 Feuer(1976)。

它。它不是一个正确无误的组织历史的框架,而是一个启发式的原理。在大多数情况下,把实际不变的思想单元当作独立的历史量来谈论是成问题的。思想单元是史学家们捏造的比较分析的结果。这些结果就是一些标签,其意思就是不同的工作是类似的或者说属于同样的范畴。史学家的选择和他对历史恒定性的兴趣导致思想单元,而思
86 想单元在时间上的恒定性由于漠视了它们出现于其中的实际史境,因而是一种幻觉。

概念和思想在长时期中很少或者从来都不会一成不变。尽管史学家赋予它们的名称可能不变,但是基本概念的发展常常在历史进程中超越认识。考虑一下在特别强调天文学的古希腊发展出的关于圆周运动的神圣本质的学说。根据这个学说,行星必须沿圆形轨道运行,因为圆是最完美的几何图形。可以合理地认为圆周学说是洛夫乔伊意义上的思想单元。它在从柏拉图(Plato)到开普勒的天文学中一直起着主导作用,而且在自然科学内外的形形色色圆周模型中都可以辨识出来;例如在宗教观点、经济学理论、生理学(哈维的血液循环理论)和物理学(伽利略的圆周惯性概念)中。但是,作为一种自然的、主要的运动形式的圆周观念,它至少在自然科学中突然失去了其魔法般的感染力。这是开普勒发现行星的非圆周轨道的直接结果。在现代科学中,圆周学说已经消失。因此,它是曾经在很长时间中起思想单元的作用而实际上并非不变的概念主题的一个例子。仅仅在非常象征的意义上,才能说圆周学说曾经在300年前的科学中具有某种重要性。诸如生态学和经济学中发现的那些循环模型,完全与圆周学说无关。试图追溯圆周学说直至现代科学,把它看作是一个不变思想的那些史学家,不得不以一种人为的方式来诠释科学史。

长期以来使用不变性论点的问题在于,它倾向于把现代的概念和思维形式强加于早期科学,而不是按照它本身的前提来研究它。例如,连续性概念在斯多葛派思想家克里斯波斯(Chrysippos,前280—

前 208)那里和 19 世纪的数学及物理学中都出现过。怀着良好的愿望,可以在其间的整个时期追溯它。但是,在克里斯波斯那里,这一思想所由出现的情境和附着在连续性观点上的意义,显然与吉布斯 87
(Gibbs)或康托(Cantor)的不同。断言在克里斯波斯那里和在吉布斯那里显露出**同样的**思想单元,也就是这个例子中的连续性,就没有确实的历史信息了。如果故意把关于克里斯波斯思想的东西说成是一种历史现象的话,那么,与那些晚得多的事件做或多或少勉强的类比,则弊多利少。(Sambursky,1963,156 页)

在更加垂直的不变性论点形式中,如在霍尔顿等人那里所发现的论点中,时代误置的史学危险就少一些。这里,它是在某位特定的科学家身上探寻特定主题的问题,而不是指出这些主题的暂时恒定性问题。当某个个体关注不同的事物,例如关注物理学和经济学时,唯一合情合理的就是,假定同样的一般准则和原理在物理学和经济学活动中都起作用,尽管它们以不同的方式出现。因此,同样合情合理的就是,考察科学家各种各样的活动中可以辨识出来的这样一些原理的范围,以及在一项活动中出现的原理是否有可能应用到另一项活动中去。

在对经典力学前史的一项研究中,迈克尔·沃尔夫(M. Wolff)重新考察了冲力理论。(Wolff,1978)这个在中世纪后期极有影响的理论说的是,运动的物体由于从推动者传递到运动物体自身的强制力或“冲力”而持续运动。科学史家传统上认为冲力理论属于物理学,而沃尔夫则把它设想为一个更加综合的,在经济、技术和神学史境中同样熟悉的观点。他因此研究了冲力主旨(impetusmotif)或者说传递诱发性(transference causality)的观念,好像它就是一个不变的思想单元。冲力这个物理概念与后期古典思想家菲洛泼诺斯(Philoponos,约公元 500 年)的经济学思考紧密联系在一起。冲力主旨也可以在奥雷姆(Oresme,1300—1385)和比里当(Buridan,1320—1382)那里的自然哲学和经济学史境中找到。尽管奥雷姆和比里当那里的冲力主旨与菲洛泼诺斯的不是同一个东西,但奥雷姆和比里当等人不仅是神学家兼自然哲学家而且他们还从事经济学问题研究,这样一个事实,就是探寻冲力理论是否与这些哲学家的经济学观点有关的一个充分理由。
88 换言之,在奥雷姆等人的自然哲学和经济学观点中是否存在同型元素(isomorphic elements)。沃尔夫论证道,传递诱发性原理就是这样的同型元素,而且,中世纪物理冲力理论源自经济学和技术中盛行的冲力观念。无论沃尔夫论点是否站得住脚,用这样一种把经济学和技术这样的领域也考虑进来的方式,拓展了科学史的视角,是有价值的。不应当孤立地研究科学领域,不应当像洛夫乔伊-柯瓦雷传统的倾向那样,只把科学领域与思想领域的潮流相联系。

思考题

1. 为什么说按照世纪划分科学史时期一般说来是欠妥的?为什么说“不必认为年代学上同时发生的事件也是历史上同时发生的”?
2. 根据时期、学科或者人物的重要性安排科学史作品的重点,是否具有自然的、客观的、无可争议的特征?
3. 何为水平史学?何为垂直史学?它们各有什么优势和局限性?这二者有怎样的关系?
4. 何为“历史主题不变论点”(不变性论点)?它与水平史学和垂直史学的关系如何?关于这个论点,有哪些学者发表了什么看法?

第九章 移时的与历时的科学史

移时史学—历时史学—历史地位—形式化—一致性与合理性—预觉

按照**移时**(anachronical)观,应当根据我们今天拥有的知识来研 89
究过去的科学,以理解其发展,尤其是它怎样导致今天的状况。史学家应当用他所拥有的知识,凭借他后来的介入而“干预”过去,如果这不被认为是必须的话,那么也应该被认为是合法的。移时史学在这里所用的意义上,包含着某种类型的时代挪动(anachroism),但不一定是通常贬损意义上的时代误置(anachronistic)。

今天,移时科学史很少是一种有意识的史学策略。相反,对于赞扬非移时理想,却存在着广泛的一致。即使如此,移时科学史在实践中却广为流传而且难以避免。它与当下主义史观相联系,当下主义史观可被看作是对移时史学的理论辩护。此外,从认为科学史的目标首要地就是与当前情况紧密联系起来的观点看,这种视角也是合法的(参见第三章)。如果认为科学史学家的任务就是理解旧科学的技术内容并把这种理解继续传递给今天的科学家,那么,具有移时倾向的展现方式就将是自然的。如果在当前的意义上,可以用现代形式和现代知识去描述一个文本的真实内容,那么,该文本就将被认为已经得到了理解。

几项热力学史的研究遵循了这个惯例。(Truesdell,1980)特鲁斯德尔了解到这种移时史学的一个优点,在这种史学里,焦点在于逻辑上令人满意地重建了较早的科学看上去的样子。在特鲁斯德尔看来,现代热力学知识是撰写其历史的先决条件(Truesdell,1980,4 页):

> 90 只有现在我们才知道关于创造者探寻范围的一个像样理论,因此只有现在我们才能明白老作者们在哪里突然停住,甚至在哪里出毛病。……我现在撰写的许多关于热力学经典论文的东西,我 20 年前就不能写出来,因为那时我还没有掌握我们今天可以掌握并且给大学新生教授的理性热力学。这种知识丝毫不改变历史记录,但它却能使我们更好地阅读它。

今天,这个学科里的许多实践者并不持有特鲁斯德尔的科学史观。然而,如果考虑到特鲁斯德尔的目的是为科学家们撰写科学史,是为澄清概念,那么,这至少是一种一贯的态度。

历时(diachronical)理想是按照过去实际存在的境遇和观点来研究过去的科学;换言之,就是漠视对所谈论的时期未曾有任何影响的所有后来的事件。以前发生过但实际上当时确实不为人知的事件,也必须认为是不存在的。

因此,按照历时观,理想上要想象自己是**处于**过去的观察者,而不仅仅是**关于**过去的观察者。这一虚构的逆时旅行就有了这个结果,即史学家—观察者的所有来自后来时期的记忆都被清空了。所以,历时史学家的兴趣并不在于评价历史使然者理性行为的范围,或者他们是否在绝对或现代的意义上生产出了真正的知识。唯一要紧的事情就是历史使然者的作用在何种程度上被其时代判断为理性的和真的。在这种意义上可以说,历时史学中存在一种相对主义的元素。在很多方面,柯林武德的历史观与历时理想一致,例如下面引文中所显示的(Collingwood,1939,58 页):

> 历史……意味着进入别人的头脑,通过他们的双眼看他们的境况,代替自己思考他们处理它的方式是否是正确的方式。除非你能通过一位在用短射程前装枪武装起来的海船上长大的男人的双眼看到战斗,否则你甚至连一个

海军史的初学者都不是,你完全没有入门。

应当怎样联系过去科学的失败来评价其成功呢?严格说来,这个 91
问题只是一个与移时视角相关的问题,因为对成败的评价,就是对某个特定的时候提出的理论仍然被认为有效的程度,或者对于当代的看法起码一度具有实际重要性的程度的评价。诸如此类的评价处于历时视野之外,在历时视野中不妨说当下并不存在。另一方面,对当时事件成败的评价,在历时史学中而不是在移时史学中才是相关的。在后一种情况下,不管人们用什么办法去看待开普勒定律,它们都被看成是成功的、有先驱性的,而在它们存在的最初 50 年里,人们都没有按照这种方式去考虑这个事实,将被认为是完全无关的。一般而言,结果是不同的选择,那就是对过去事件的先取权的不同分配。

有移时倾向的史学家在处理威廉·哈维著名的血液循环发现(1628)时,会说哈维理论尽管有一定的思辨特征,但已经证明它是对人体血液通道的基本正确的描述,以此给它以合法的地位。既然这个理论是第一个版本的正确解释(即今天接受的版本),那么它就将被判定为医学史上的一次成功和一个重要的里程碑。有历时倾向的史学家处理同样的主题,试图把自己放到大约在 1640 年工作的某人的境况之中,他评价哈维的发现就将更加谨慎。事实上,在最初的十年里,哈维受到奚落,他的循环理论遭到反对和怀疑。史学家感兴趣的是哈维的工作当时是怎样被接受的,例如,在伽桑狄等人对该理论的批判中是如何被接受的。他将关注神秘主义者和炼丹术士[比如罗伯特·弗拉德(Robert Fludd)和伊利斯·阿什莫尔(Elis Ashmole)]在明确的非科学的基础上给予哈唯的支持。在历时史学中弗拉德将作为与哈维有联系的一个关键人物出现,而在移时史学中根本不会提到他。[①]

① 一个例子就是 Wightman(1951),这里哈维被描绘成一位“清除了一切障碍真正看待这个主题”(着重标志是我所加)的一位现代的、有经验思想的科学家。弗拉德在怀特曼(Wightman)的书中没有出现。

在移时史学中,科学史题材与科学题材相同。科学事实和理论即使在它们没有被承认的时期,也被看作是永久的、几乎是超验的存在。用格尔德·布克达尔(Gerd Buchdal)的话来说,移时史学基于"'科
92 学'(与 scientia 相对)在世界史的任何阶段都是可以被辨识出来的一切时代、迹象或征兆中的准客观潜存者,这样一个使人误解的预设"。(Buchdal,1962,71 页)从而,科学就成了有义务在真理的方向上进步的一种现象。那么,史学家的任务就是把这种向真知的发展,阐释成为通过相继的实验和理论而发生的。处于移时史学背后的科学哲学所导致的,是逆向撰写科学史和目的论科学史的诱惑。(Kuhn,1970*a*)这是一条已经被库恩和其他后实证主义科学哲学家们做出的批判严重地动摇了的进路。

法国哲学家加斯东·巴舍拉尔(Gaston Bachelard,1884—1962)和被他激励的思想家们,包括菲尚(M. Fichant)、佩舍(M. Pécheux)、勒古(D. Lecourt)和卡古黑姆,对目的论历史作品都极为关注。与其他现代哲学家一样,巴舍拉尔强烈批判了所谓的**历史主义**(historicism),即当下仅仅是这个当下的过去的一个结果,仅仅是一个线性持续发展的暂时终点的观点。然而,一部现实的科学史,也就是与当前的科学水平直接相联系的历史,对巴舍拉尔来说极为重要,对于他来说,为科学的过去而对科学的过去的"古物收藏式的"兴趣,根本就不是真正的科学史。必须要做的就是,以另一个仍将保证科学史保持其现实兴趣的观点,来取代这个哲学上可疑的历史主义。巴舍拉尔把科学史学家的工作就是评价其主题的价值和真实性这一点当作是已经给定的,他写道(Bachelard,1951*a*,引自 Fichant and Pécheux,1971,129 页):

> 为了恰当地评价过去,科学史学家必须知道当下;他必须尽全力学习他打算撰写其历史的那门科学。正是由此,不管人们喜欢与否,各门科学的历史才与此刻的科学紧密联系起来。正是在科学史学家入门了解科学的现代性的时候,他还能够揭示科学的历史性中更多、更微妙的细微差别。现代性意识和历史性意识在这儿是严格成比例的。

根据巴舍拉尔的看法，人们必须以评价的历史来为真实的历史配音，这里，价值判据就在于现代科学的各种准则之中。巴舍拉尔提出用**重** 93
现史(recurrent history)这个术语代替按照当代科学对过去的科学所做的非目的论的、积极的反思。重现是“通过科学的现代性对过去科学的同化”，这同时就有了历史经常被重写的后果。(Bachelard，1951*a*，引自 Fichant and Pécheux，1971，131 页)这种重现史是有意的移时，因为它按照现在的知识去决定早期的科学是否有效；但它不是连续的、目的论的历史。

重现史学的目标在于巴舍拉尔所谓的“认可史”(historie sanctionée)，它被看作是传统“过时史”(histore perimée)的一个替代，过时史仅仅描述早期事件。按照菲尚的看法，过时史是“在当今的合理性中已经变得不可思议的思想史”，而认可史则“总是现实的思想史或者能够使之成为现实的思想史，如果按照今天的科学评价这些思想的话”。(Bachelard，1951*a*，引自 Fichant and Pécheux，1971，89 页)例如，巴舍拉尔拒绝把笛卡儿的光学理论当作重现史学的有价值的研究对象，因为今天已经被认为是错的；另一方面，惠更斯(Huygens)和菲涅尔(Fresnel)的波动理论则应归入重现史，因为它们作为“现实的—过去的科学”的部分，具有永久的价值。(Bachelard，1951*b*，27 页)

巴舍拉尔意识到这一事实，即如果不与“真正的得体”相结合，使用重现思想就易于过头。他认为，重现视角及过时与认可科学史之分大体上只是在科学发展的后来阶段，即它已经达到了相对自主并且建立起了一套评价判据的现代性阶段，才被证明是正当的。尽管有所保留，巴舍拉尔及其学派坚持认为，重现地评价科学史不可避免地是必要的，因为如果不这样，它将退化成一部仅仅是收藏古物的历史，与当下毫不相干。“科学史学家必须是一位真理史学家。”(Bachelard，1951*a*，引自 Fichant and Pécheux，1971，131 页)他所探寻的真理不是关于历史的真理，而是历史中的真理。

我们这里所称的移时史主要与被认为是历史的**辉格诠释**(Whig interpretation)的东西相同。赫伯特·巴特菲尔德发明了这个术语，认为它就是“非历史的历史作品”，按照他的看法，这个术语的意思也可以这么说，“是着眼于当下的对过去的研究”。(Butterfield，1951)巴特菲尔德的批判最初是针对英格兰政治史学中的一个强有力的传统，
94 在这个传统中，英格兰历史被描述成向据说是辉格党所主张的民主理想的不间断的进步。但是，辉格式史学很快就作为一个术语变成了一般的用法(通常具有否定的暗示)，并且在科学史中也得到了很多讨论。在巴特菲尔德 1950 年撰写的一篇论文中，引出的最重要的反辉格理论如下(Butterfield，1950，54 页)：[①]

> 一方面，整个科学史的结构没有生气，另一方面，如果基于这个原则它又被歪曲了，这个原则就是利用 15 世纪的某位作家[比如屈斯(Cusa)的尼克拉斯(Nicholas)]，选择他是因为他有某个独一无二的想法，这个想法惊人的现代化从而打动了我们；然后，利用另一位 16 世纪的人(我们该说是达·芬奇)，因为他有一种稀奇古怪的预感或期望，就是通过科学研究，在晚得多的时期要生产出某种东西。实际上，我认为认识早期科学家不奏效的东西和错误的假设，考察某个给定时期似乎不可逾越的特有的智识障碍，甚至追溯进入了死胡同但大体上对科学进步仍然有影响的科学发展进程，已经证明有时几乎更加有用。与所有其他形式的历史一样，科学史中错误的东西就是把总是先于人们心智的当今作为参照的基础；或者就是想象一位 17 世纪的科学家在世界史中的位置将取决于他在多大程度上碰巧接近于氧的发现这个问题。

我们现在将讨论移时辉格史学会导致的典型的要不得的科学史的某些方式。

---

① 在巴特菲尔德强烈的反辉格理论与其实践的史学之间，有显著的差异。(Butterfield，1949)他后来工作的辉格味儿，只不过说明使理论与实践相一致的困难。

（一）地位的评价与承认

如果现代科学起着早期科学记分簿的作用的话，人们就将倾向于把今天可以看作是先驱的事件，描述得仿佛它们在其历史境况中正好就是先驱似的。而且，人们将会把过去的知识评价得仿佛它所涉及的主题和概念，与我们今天认为这种知识过去就是“真正地”与之有关的主题和概念相同似的。我们已经看到，对哈维血液循环思想的回溯评价是怎样没有反映出该发现所处的时代的历史真实性。下面是另一个例子。

根据在中世纪的炼丹术士中流行的一种思想，一切金属都由通 95
常称为“硫”和“汞”的两种要素组成。在许多炼丹术作品中，人们可以读到基于以适当比例加进“硫”和“汞”的处理合成各种金属的内容。假如人们现在犯了相当明显的错误，相信炼丹术士的硫—汞理论是一个基于我们今天以同样名称的元素所理解的理论的话，那么，该理论看起来就将是推测性的和十分愚蠢的。著名的化学家和化学史学家迈尔（E. Meyer）明显地犯了这个时代误置的错误，因为他这样写到硫—汞理论（Meyer，1905，54 页，亦见 Weyer，1972）：

> 令人惊奇的是，13 世纪和 14 世纪的化学家们的化学知识是相当综合的，但他们居然就满足于这种关于金属组成的推测，而不认真地尝试着描述这两种物质被吸收进各种各样物体的情况。

如果历时地研究硫—汞理论，人们很快就将明白，必须把炼丹术士“哲学的硫”和“哲学的汞”诠释成为要素或者抽象的观念，而不是实体的物质。赋予了炼丹术士自己给予“硫”和“汞”的意义，他们的理论就远远不是愚蠢的了；它是一个由实验支持的合理的思想。在历时视角中，它就成为一个相当合理的理论，而不是一个古怪的推测。

(二)形式化

正如通过话语和概念的翻译可以使历史材料现代化一样,现代化也能够以陈述的——通常是数学的——形式化的形式发生,而这些陈述原本是以非数学形式,或者是不同于我们的数学形式表达的。无论是以现代化了的翻译方式还是以转化成为数学形式的方式,只要概念内容没有较之原始内容发生重大改变,就不需要任何非历史的东西。毕竟,科学史学家的任务就是转换老科学并将其传达给今天的公众,这就意味着为了使过去在根本上可以理解,就必须用现代措辞把历史陈述公式化。然而,现代化可能易于导致严重的时代挪动,扭曲超出认识反问之外的历史真实。

96 作为一个例子,让我们来看一看有时人们所说的亚里士多德运动定律。根据亚里士多德,物体运动是因为受动力(F)的影响。速度(v)和动力成正比,和物体与物体在其中运动的媒体之间的摩擦力(R)成反比。因此,假设亚里士多德运动定律可以用方程

$$v=k\cdot F/R$$

表达[①],此处 k 是一个常数。然而,这是在三个水平上的时代挪动。第一,数学公式与亚里士多德及其时代不相容。不仅是公式,可以定量表达运动的观念,都是亚里士多德科学框架之外的。第二,该定律中包含的术语("力""速度""摩擦力")所涉及的知识和概念很晚才形成。第三,给亚里士多德关于运动物体的思想所赋予的地位是非历史的。自然律的概念,例如在牛顿那里所具有的意义上的这个概念,在古希腊时代根本就不存在。如果不用历时视角努力审视亚里士多德的思想,人们就有可能去比较亚里士多德(虚构的)运动定律的价值与伽利

① 根据迪克斯特休斯(Dijksterhuis,1961,29 页),"亚里士多德动力学基本定律[是]……经典力学基本公式 $F=m\cdot a$ 的古代类似物"。

略或者牛顿运动定律的价值。这显然是不合理的。

柯恩已经联系牛顿第二定律，讨论了同类问题。(Cohen，1977)这个定律通常被陈述为 $F=m\cdot a$，此处 m 是物体的质量，a 是其加速度。牛顿从来没有用公式，或者用其他任何使人们想起后来建制化了的教科书说法的方式，把他这个著名定律表示为 $F=m\cdot a$。此外，牛顿是以这样一种方式使用"力"这个词的，即或许应当把它译成现代英语的"动量"(momentum)这个词而不是"力"(force)。如果把第二定律的现代化说法投射到牛顿身上，那么，他自己的说法似乎就是不可理解的了(Newton，1966，13 页)：

> 运动的变化与施加的动力成比例；并且沿着所施加的力的直线方向。……如果任意动力产生一运动，那么，二倍的力就产生二倍的运动，三倍的力就产生三倍的运动，而不论是完全和同时施加力还是逐渐和相继施加力。

柯恩的观点并非是说，牛顿的权威定律与现代说法事实上不一致。但更确切地说就是，这种明显的不一致只能以历时视角来理解。他 97
写道："(与哲学家的工作形成对照，)史学家的工作倒不如说就是把自己沉浸在早前时期科学家们的作品之中，他们如此完全地沉浸于其中，以致他们就熟悉了过去那个时代的气氛和问题。"(Cohen，1977，346 页)

(三) 一致性与合理性

假设科学家的思想就像它们在出版物中出现的那样一致和连贯，这通常是合理的。但是，即使史学家碰到的文本明显缺乏一致和合理的思想，又有什么要紧呢？这种情况经常发生，在这种情况下可以用以下三种方式中的一种来评价缺乏的一致性：

(1) 承认缺乏一致性有效表达了这一事实，即该使然者的思想事实上不一致；它们无系统、混乱、不连贯。

(2) 认为缺乏一致性只是骗人的。假定该叙述实际上一致,那么,史学家的任务就是用能够清晰地看出该一致性的方式,诠释该文本。做出了这种诠释,就理解了该使然者的实际思想。

(3) 把事件置于其恰当的历史框架之中并且更细致地研究该事件,力图以此解析这种缺乏的一致性。不像(2)中那样,人们不会强加一致性,仅仅把一致性假定为一个合理的工作假设。如果在进一步的探索之后,该事件看上去仍然不一致,人们就会假定(1)中的立场是最合理的立场。

正如斯金纳(Skinner)指出的那样,(2)中表达的态度容易导致把各种动机和思想归于该历史使然者,而这并没有文献证据,史学家实在应当对此负责。[①] (Skinner,1969)斯金纳所称的"一致性神话",导致的是辩解而不是解释。科学家并非**总是**以清晰、一致和连贯的方式
98 进行论证,这一点为何得不到承认呢?关于科学家如何真实地思考这件事还是那件事的许多讨论恰恰是无效的,因为这些讨论基于这样一个假设,即该科学家所指的必定是这件事或者那件事;而没有认识到该科学家对同一件事也许有冲突的观点,或者他在一个语境中指的是一件事,而在另一语境中指的是另一件事。这种情况也许并非拒绝相信科学家有理性;他也许有很好的理由两者都指涉。

斯金纳对于一致性神话的抨击基于一种纯粹主义的历时史观,根据这种观点,过去的文本仅仅与过去有关,而与现代毫无关联。按照斯金纳,要紧的不是思想的有效性或者现在的意义,而仅仅是在史境中审视作者的**意图**。史学家应当聚焦于作者有意希望与其读者交流的东西,因此,为了理解文本,他应当把握其主观意图。下面,我将分别讨论斯金纳的这些观点。首先是他的史境纯粹主义。(Fermia,1981)

---

① 斯金纳主要涉及的是政治思想史学,而林霍尔姆(Lindholm)则对科学史学做了类似的批判。林霍尔姆称作"明晰假定"的东西主要就是与斯金纳的"一致性神话"相同的东西。(Lindholm,1981)

强调作者的意图和相应地忽略其影响,很可能产生一幅历史思想的碎片图景,使之还原为一系列孤立的事件。在这样一幅图景中,没有真正的历史探究的余地。从普通经验已知,思想的实际含义并非总是与其后面的意图相重合,这是一个事实。作者也许完全没有抓住他们本人思想的潜在性。纵使思想家无意陈述某个学说,但是,如果当代或者后来的思想家们认为他已经陈述了的话,那么他也许实际上已经陈述了。这是一个比作者的主观意图有意义得多的历史事实。

17 世纪英国自然哲学家们提供的一个例子表明,历史所包含的要多于使然者的意图所包含的。包括波义耳、威尔金斯、雷(Ray)、巴罗(Barrow)和牛顿在内的学者(virtuosi)群体都是信仰基督教的哲学家,他们坚定地相信新科学是防御唯物主义和无神论的。他们全都想巩固基督教,否认基督教信仰和科学之间可能存在冲突。(Westfall,1958)史学家是否应当满足于报告这些意图呢？如果是这样,他就肯定不能解释后来的发展,例如,他就会失去理解 18 世纪自然信仰的机会。尽管他们有这些意图,机械论自然哲学的实际效果仍然是削弱了基督教,并把它暴露在唯物主义者们的抨击之下。

至于一致性神话,就不能轻易地不考虑斯金纳的观点了。无疑, 99
许多科学史都有远远超出文本证据为之辩护的范围,而使过去的思想合理化和明晰化所导致的时代误置过失。虽然如此,毫无保留地接受斯金纳的观点是成问题的。科学家们现在不是傻瓜,过去也不是傻瓜。如果分析某一文本发现了愚蠢之处、明显的荒谬或者不一致,就不应当立即把它作为真实历史特征的表达来接受。相反,应当起疑心,怀疑自己是否已经恰当地理解了该文本。这些荒谬和不一致性很可能是移时解读的结果,在恰当的历时视野中它们很可能就不存在。

试图把早期事件合理化和现代化的做法,常常与一致性论点,也与下面要提及的预觉学说联系在一起。像占星术和炼丹术这些现在是科学的边缘区域的东西,尤其是这样一些领域也曾被大科学家们耕作过的时候,把这些领域合理化,将其看成是用一种奇特方式表达的几近于现代科学的理论,就是诱人的了。如果采纳了这样的观点,那么,引出假定存在的合理内核就成为科学史学家的任务了。

牛顿炼丹术著作的某些分析者曾经论证说,这些著作包含的原子论“真的”与现代的类似。比如,卡雷·菲盖勒就认为牛顿的思想“表明……与玻尔提出的原子壳层模型惊人的相似”。[①] (Figala,1978,108 页)菲盖勒根据她对牛顿炼丹术的合理化,甚至认为牛顿“看起来几乎曾猜想过”存在着比金更加珍贵、有更大密度的金属。于是,铂、铱、锇就被认为是间接存在于牛顿的系统中,尽管它们只是在牛顿逝世数十年之后才被发现。菲盖勒对牛顿的合理化是移时科学史的明显例子。当然,在原子一词的现代意义上,牛顿根本没有关于存在行星式复合原子或者新元素的复合原子的任何想法。菲盖勒巧妙的重构,是牛顿及其时代完全不可理解的。

虽然一致性假设常常包含着移时元素,但也可以找到它与历时史学的联系。事实上,作为历史重建中的进步判据,它反而是明确地以
100 历时优点为基础的柯瓦雷史境主义传统的一部分。在这种传统中,科学思维的明晰性和一致性常常被认为是得到了承认的。(Lindholm,1981)例如,库恩就受益于柯瓦雷很多,公开拥护一致性假定。库恩在一部关于量子论起源的著作中下结论说,普朗克 1900 年的著名理论并不真正构成物理学中的一场革命。在他对普朗克理论的再诠释进行辩护时,他论证说(Kuhn,1984*b*,223,226 页):

> 这种再诠释使普朗克黑体研究的发展更加连续,而且与其在标准说法中看上去相比,成为一幅差不多更加深入、更为雅致的物理学图景……再诠释中

---

① 菲盖勒想使牛顿成为玻尔的先驱,而俄国科学家瓦维洛夫(Vavilov)则把他看作卢瑟福(Rutherford)的先驱。“于是,我们有足够的根据相信牛顿有化学原子复杂性的很好想法,他甚至猜想到很小的极端稳定的原子核的存在。在这个意义上,牛顿是卢瑟福的先驱。”(Vavilov,1947,55 页)

> 出现的普朗克——与标准故事中的普朗克相比，是一位更好的物理学家——更深入、更一致，更不像是一位梦游者。

在对基于历时性的一致性假定的辩护中，库恩指出，许多批评依赖的是科学发现是什么这一可疑概念。如果说科学家仅仅持有过一个混乱的观点，以致他就像梦游者那样蹒跚跌撞地得到结果，那么，发现过程就得通过从后续阐述对之做出的判断进行说明，就是未作说明。①(Kuhn，1984*b*，223，226 页)从历史观点看，这个发现概念毫无意义。

必须区分一致性**假定**和一致性**教条**。后者总是导致糟糕的史学，而前者在运用恰当时则可能是富有成效的策略。应当进一步区分用现代标准判断其明晰性的移时情况，以及不利用事后认识对该假设进行辩护的历时情况。如果史学家能依靠独立的证据对明晰性进行辩护，那么，他就一定有资格澄清模糊的经过。但是，他不应当排除文本事实上就模糊的可能性。

(四) 预觉

科学史中有一个悠久的传统，就是对成为后来某个特定理论的先驱的那些人或者理论感兴趣。这种兴趣最近受到了许多作者的批评。(Skinner，1969；Canguilhem，1979；Sandler，1979)但是这种批评并不新鲜。150 年前，法国物理学家让-巴蒂斯特·比奥(Jean-Baptiste Biot，1774—1862)就对它进行了非常精确的阐述(转引自 Canguilhem，1979，20 页)：②

> 当一个其确定性得到保证、其范围也由其用途得到证明的重要的、有影响的 101
> 新事件出现在科学界时，出于一种自然习惯，当时的同时代人就倾向于好奇
> 地探究是否发现它在过去存在的痕迹。如果他们发现了一些，即便是不确

① 凯斯特勒(Koestler)论证了梦游发现者的概念。(Koestler，1959)

② 比奥不赞成化学革命并非拉瓦锡的首创而是更早的研究者抢了先的断言。

> 定的,他们也会伸出手去拿它们,并用轻信和事后认识的混合物使之复兴。如果这种批判工作公正,它就极有价值,应当公平对待未被承认的发明者。然而,也必须用与他们自己的时代理解他们的方式相同的方式,采纳他们的观点,理解他们所用的措辞;给他们的思想赋予的范围应当与他们所赋予的相同,最后必须把科学讨论的不变规则应用于他们的结果。因此,必须仔细区分断言与证明,区分个别情况与确认的真理;因为把现代作者这里不容许为假设的东西当作老的作者那里已被证明的东西来接受,既无用处也不公正,也并非富于哲理。

比奥说到的这一点,在一定程度上就是,关于预觉(anticipation)的断言必定包含受后来的知识指导的推测性诠释。而且在一定程度上也是,应当考虑科学发现的实际历史意义来评价它们:只有发现得到广泛接受,才能认为它们有效。不过要注意,比奥提出了非历时观点,他认为应当按照与现代科学判据相同的判据,也就是根据“科学讨论的不变规则”,去评价早期的科学。

从其本质上看,预觉观念包含着移时视角。这本身不成问题,但是如果把洞察能力归之于先驱,如果把后来的理论投射到先驱的著作上,那就成问题了。如果不避开这些陷阱,结果就是纯粹的时代挪动。正如把法国科学家皮埃尔·莫佩尔蒂描绘成为一百多年后发展起来的整个生物学的先驱时所发生的那样(Glass, Temkin and Straus, 1968,172 页,此处转引自 Sandler,1979):

> ……很显然,莫佩尔蒂具有预见天赋……实际上,孟德尔遗传机制和以自然选择及地理隔离为根据的经典达尔文推论的每一个想法,在这里都与德·弗里斯(De Vries)物种起源的突变理论一起,用这样一种天才的综合,结合了起来,其作者的同代人没有真正赏识它就不出人意料了。

102 当然,关于预觉概念的问题就是,在很高程度上,正是史学家对先驱的诠释,决定了被指称的先驱与后来的学说之间在何种程度上存在着联系。这是预觉史学中的一个不可避免的元素。除非考虑 P 和 N 必定以某种方式关注着同样的主题这一事实，否则说 *P* 已经预觉到 *N* 就没有任何单一的判据了。根据桑德勒(Sandler)的看法，可以挑出以下几种情况：

1. *P* 与 *N* 处于同样的学科传统之中，而且实际上影响了 *N*；但是 *P* 以一种不完备的并且没有得到及时承认的方式阐述了该学说。这不成问题，但是它处于恰当预觉的边界上。可以说 *P* 影响了 *N* 或者说 *N* 进一步发展了 *P* 的思想，而不能说 *P* 预觉了 *N*。

2. 但是也可以把 *P* 放在与 *N* 相当不同的学科传统之中，而仍然将其称为 *N* 的先驱。例如，1798 年，托马斯・马尔萨斯(Thomas Malthus)提出，如果不通过政治或者道德手段缩减人数，人口总是会超过食物供给。马尔萨斯理论关心的是政治和经济，而不是生物学。然而，马尔萨斯常常被置于生物学史境中，而且被称为达尔文理论的部分先驱，达尔文理论的创造，事实上就是达尔文通过阅读马尔萨斯的著作而得到了启发。

3. *P* 不需要 *N* 的学说的任何暗示，而且可能曾经反对它所表达的思维方式。*P* 可能是其意愿衬托下的先驱。涉及普里斯特利 18 世纪 70 年代设计的物质理论，博斯科维奇(Boscovich，1711—1787)的命运就是这样。在普里斯特利的理论中，物质与精神并非两种截然不同的实体，而是可还原为同样的“力”，因而基本相同。博斯科维奇理论起着鼓舞普里斯特利的作用，但不是普里斯特利意义上的唯物主义理论，而且博斯科维奇事实上反对普里斯特利用它。[①]（参见 Heimann and McGuire，1971）

4. *P* 不需要对 *N* 有过任何直接或间接的影响，*N* 不需要意识到 *P* 的存在。在这种情况下，就只有史学家宣称 *P* 是 *N* 的先驱，论证说在 *P* 与 *N* 的主题之间存在着某种客观的联系。我们可以在塞尔维特 103

---

① 博斯科维奇的主要著作《自然哲学理论》(*Theoria Philosophiae Naturalis*)出版于 1758 年。

(*Servetus*,1511—1553)那里找到这样的例子,他写了一部神学著作,其中讨论了血液循环,反对盖仑学说。在此基础上,人们常常认为塞尔维特是哈维的先驱。但是,塞尔维特及其著作均因被判异端而在火刑柱上被烧毁了,他的思想因此也就不为包括哈维在内的那些追随他的人所知(今天已知塞尔维特的书只有三册存在)。

5. 最后,人们有时在“预言”(prediction)的意义上使用“预觉”这个词。这是不恰当的,因为预言是一个不同的、更加精确的术语。如果 P 预言了 N,那么,这种关系就是理论与发现之间的关系,而不是对同一个学说的不同阐述的关系。

正如桑德勒所指出的,预觉是一个依赖于史境的概念,科学家和史学家们常常对它有不同的评价。上面提到的几种情况,2、3 和 4 很少被科学家们承认是预觉。如果史学家对这些情况表示出兴趣,那是因为它们可以产生有趣的问题。在这种情况下,它们有启发价值。为什么 P 不为 N 所知?(情况 4);N 从什么联系中知道 P,而 P 的专业传统又是如何传承给 N 的?(情况 2);为什么 N 接受了 P 的思想,而 P 却反对对其思想的阐述?(情况 3)

预觉史学与不变性论点有密切联系,而且,一般说来,与连续性科学史有密切联系。如果把科学的发展看作是一个连续的、保守的过程,那么,寻找直接先驱就成了史学家的中心任务了。这种方法将发展描绘成一连串小变化,因此发展就没有任何清晰的开端,这种方法一直被称为突现技巧。(Agassi,1963,32 页)它可以在迪昂那里的纯正形式中找到(Duhem,1974,221 页):

> 历史向我们表明,任何物理理论都不是凭空创造的。任何物理理论的形成总是通过一系列修正进行的,这些修正使该体系从最初几乎无形的梗概逐渐达到更加完善的状态。……一个物理理论不是突然的创造产物;它是缓慢的渐进的演化结果。

104 因此,当迪昂要讲述万有引力理论史时,他就从古希腊人开始直至牛顿，将其描述为一个未中断的先驱链条。在迪昂的突现链条中所包含的许多先驱中，就有上面提到的所有类型的例子。

可以从辉格史学的痛苦中得出应当回避一切移时元素，应当从纯历时视角处理科学史的结论吗？正如已经指出的，答案是否定的。一种完全历时的科学史做不到那些通常对于历史说明的要求。也许可以给过去一个真实的描述，但是这就会成为研究文物了，而且除了少数专家之外都做不到。事实上，几位作者曾经警告，防止把反辉格史学推到极端。按照默顿(R. K. Merton)的观点，反反辉格式(anti-anti-Whig)再评价的时代已经到来。(Merton，1975；亦见 Hull，1979，1983)

历时史学只能是一个理想。史学家不能脱离他自己的时代，不能完全避免使用当代标准。在对某个特定时期进行初步研究的时候，不能利用该时期本身的评价和选择标准。因为这些标准是未曾研究过的某个时期的一部分，而且它们只能逐渐地被揭示出来。为了对自己的主题有些看法，人们就得戴上眼镜；而且这些眼镜不可避免就是当下的眼镜。史学家不能纯粹依赖于过去接受的重要判据。只有在少数情况下，关于过去的优先权才存在无可争辩的一致性；一致性的确立通常包含着选择，因此也就意味着史学家的介入。

在许多情况下，在对历史事件的分析中显然要用到现代知识。这样做就会引入在纯粹历时基础上不能阐述的有趣问题。例如，依照多数史学家的看法，询问希腊人为何没有发现无理数(比如$\sqrt{2}$)就是有趣的，这对于理解希腊数学基础的危机是一个极为重要的问题。但是像这样的问题，显然只能由懂得有理数可以用后来很晚发生的方式用无理数来扩展的人士提出来。这是一个不可能被希腊数学家问到的问题。一般说来，何以没问题在严格的历时史学中没有位置。

类似地，只是在回溯中，许多重要的联系才显示出来。大约在 105
1845 年，几位科学家[迈尔、柯尔丁(Colding)、焦耳(Joule)、赫尔姆霍兹(Helmholtz)]阐述了后来以能量守恒著称的学说。但当时根本就不清楚,这些发现是“真正”关于能量守恒的发现,还是根本就是关于同样的现象的发现。一位在精神上把自己放在 1847 年的史学家,就不能看到迈尔、柯尔丁、焦耳和赫尔姆霍兹的发现之间的联系,因此也不可能集中处理这些发现。只有承认移时视角,它们才能被视为一种事实上“相同”发现的情况。[①] 当然,比如说在诠释迈尔的时候,如果自始至终在心灵深处坚持说他的工作“真正”就是关于能量守恒的工作,那么,这种视角就很可能使历史理解破灭。

极端的历时史学将与构成全部历史研究的一个完整部分的教学法维度相抵触。科学史不是史学家与过去之间的两方关系,而是过去、史学家与当今公众之间的三方关系。总的来看,历时史学不会起到交流的作用。它会倾向于仅仅细致却消极地描述历史资料,而分析和解释则被忽视了。在斯金纳和巴特菲尔德那里可以找到这种倾向,后者把自己当作叙事体解释的代言人(Butterfield,1951,72 页):

> 作为最后一招,史学家对发生了的事情的解释根本就不是一般的推理。他通过确切发现发生了什么事情来对法国大革命进行解释;如果在任意一点上我们需要进一步的阐释,那么,他所能做的一切就是把我们带入更详细的细节,使我们更加明确具体地明白真正发生的事情。

生物学史学家赫尔(D. Hull)曾经指出,通过“忘记当下”或者通过假装当今的知识不存在,并不能自动避免曲解。(Hull,1979)史学家不应当采取这种演戏的做法,而是应当承认,在许多情况下他具备已经被接受了的判断历史的知识,并且应当公然地用这种承认去防止彻底的时代挪动,同时使其研究对于现代公众来说成为可理解的和有趣的。

这些可以提出来反对**严格**历时主义的异议,并不意味着史学家被

① “仅仅考虑到后来发生的事情,我们就可以说这些不完全的陈述甚至涉及自然的同样方面。”(Kuhn,1977,70 页)“……同时的发现者发现了非常不同的东西,而且只有在从他们共同的结果中获得的事后认识的影响下,他们的发现看起来才是同一的。”(Elkana,1974,178 页)

迫把现代科学作为他的出发点去看待过去。也不应当把这些异议当 106
作是对极端形式的相对主义或者当下主义史学的支持。历时视角至少能够在某种程度上，向历史提供不依赖于时间或风尚的几分客观性。作为方法论入门和辉格史陷阱的矫正剂，历时理想是必不可少的。

同样主题的历史，随其是根据移时观点还是历时观点撰写的，而会根本不同。例如，20 世纪初以来，格里高·孟德尔就被认为是遗传学史上未受赏识的先驱。他的贡献即孟德尔定律，直至 1900 年的所谓重新发现，其真正本质在这些定律被系统阐述的时候才得到完全理解。重新发现孟德尔不仅意味着他从不起眼的小人物一跃成为生物学史上的主角，还意味着对孟德尔 1865 年实际上所做的事情的评价变了。1900 年以后，人们重写了生物学史。这不是因为有了任何有关孟德尔的新的可利用的原始材料，而是因为人们现在从一个新的视角来看待他了。只有按照后来的发展，断言孟德尔不被其同时代人所赏识，才会有意义。如果我们力图严格地在其历时史境中阅读孟德尔著作，那么，它们似乎就是对植物学研究中的植物改良传统的相当正统的贡献，而不是革命性的遗传学预觉。孟德尔的许多实验和诠释确实新颖，并且他本人就感到它们的原创性没有被他的同时代人所承认。但是由于没有其他人持有与孟德尔对其著作的同样看法，其原创性就不属于历时史了。在历时史境中，孟德尔没有被他的时代误解，而是被理解了。(Brannigan，1981，122 页；Olby，1979)

于是，我们似乎不得不处理两位孟德尔。一位是用他那个时代的视野看到的孟德尔，“为什么孟德尔被他自己的时代忽视或误解了”这个问题在这里就不适用。另一位孟德尔是 20 世纪的孟德尔，遗传学定律的原创者。正是在这个史境中，才会问这个问题。但实际上应当读到这样一个问题，即“为什么 1900 年以后人们会相信孟德尔曾经被
忽视或者误解呢”？在这种说法中，这个问题所涉及的 20 世纪初遗传 107

学知识的程度,与涉及的历史上的孟德尔的程度是同样的。

我们得出的结论是,史学家在实践中并非面临移时视角还是历时视角的抉择。通常两种因素都应当存在,它们的相对权重取决于所探索的特定主题和探索目的。科学史学家必须是长着贾纳斯(Janus)[①]头脑的人,他可以同时考虑到相互冲突的移时观点和历时观点。按照荷兰科学史学家胡伊卡斯的说法就是(Hooykaas,1970,45 页):

> 为了公正地做出判断,史学家必须以同情的理解去看待先人们的思想、观察和实验:他必须拥有足够强的想象力,"忘记"他正在研究的那个时期之后为人知的东西。同时,为了被现代读者所理解,为了让历史真正地有点生气,而不是单纯具有古物收藏的趣味,他必须能够使早期的观点面对现实的观点。

思考题

1. 什么是移时史学?什么是历时史学?它们何以具有合法性?
2. 当下主义、重现史、认可史、过时史、历史的辉格诠释各是什么意思?
3. 移时史学在处理历史地位、形式化、一致性与合理性、预觉等议题时存在什么样的问题?
4. 为什么说"历时史学只能是一种理想"?

① 贾纳斯,古罗马神话中守护门户的两面神。——译者

第十章　科学史中的意识形态和神话

科学史中的意识形态—利益合法化—外部合法化—内部合法化—民族主义—科学帝国主义—工作史—X射线结晶学史案例—科学史中的神话

科学史包含的组织材料的特殊视角、目的和方法，并不是从客观 108
给定的过去本身呈现出来的。科学史也常常为某种合法化功能服务。历史是带着承担的义务、从特定的动机出发，或者也许是为合法化功能服务而撰写出来的，这一事实并非必然意味着它们是糟糕的史学产品（亦见第五章）。但是，一旦为了更好地符合为某种社会功能服务的某种特殊的教训，文献证据受到歪曲、忽视或者被赋予不相称的重要性，那么，历史就成为意识形态的了。

我将在这样一种意义上使用“意识形态”这个术语，即某个意识形态学说就是使某个特殊的社会群体的观点和利益合法化的学说。这是一个必要的但不是充分的条件。该学说对其指涉的现实，也必须给出一幅被歪曲和误述了的图景。根据阿尔都塞(Althusser)的看法，意识形态是“这样的陈述，即当它是对从它指涉的某种现实分离开来的某种现实的征兆时，就它涉及的它所考虑的对象而言，它就是一种虚假的陈述”。[①] (Althusser，1975，52页)与意识形态学说相联系的偏见

① 对意识形态的综合性讨论，见Plamenatz(1970)。

可以是故意的。但通常并非如此。意识形态很少被该意识形态者所承认,也不被其利益引导着意识形态的那个社会集体所承认。

意识形态历史作品包括一个广泛的范围。(参见 Graham, Lepenies and Weingart, 1983, IX—XX 页)在一个极端,有为比如政治目的服务的彻头彻尾的意识形态历史。这些“外部”意识形态针对的是外行公众或政治团体,为某种较广泛的政治功能服务。他们可以通过把特定的政治制度描述成为在科学的发展上是优越的,以此使这些政治制度合法化;或者他们可以依靠实用性和文化价值的论证,使科学合法化。这是科学史在科学政策中扮演某种角色的一种方式(亦见第三章)。

109 应当把“外部”意识形态与主要针对科学共同体的“内部”意识形态区分开来。内部意识形态也为合法化功能服务,但通常以一种更加微妙、较少“政治”的方式服务。也许应当更恰当地谈论科学史中的神话化。神话是仅仅间接地与历史事实有关的在社会上有用的学说。神话的社会功能典型地就在于巩固某个社会团体,在这种情况下就是某门科学学科的实践者们的声望、统一和自我意识。当一个事件从其实际史境中剥离开来,并且赋予了使其社会功能成为可能的某种意义的时候,它就被转变成为神话了。虽然神话和意识形态常常使现状合法化,但它们也为进步的功能服务。正如我们在下面将要举例说明的那样,撰写科学史可以为变化辩护,也可以阻止变化。神话本身既不保守也不进步。

人们发现,外部意识形态科学史典型地与民族主义和种族中心主义历史作品有关系。在这样的作品背后,存在着一种悠久的传统。不应当对它的存在感到惊奇,科学史对于文化和政治危机的敏感性,并不亚于许多其他智识建制。科学史只是一个民族或者国家在危机时期动员起来开展意识形态宣传战的诸多工具之一。

第一次世界大战期间及随后不久,交战双方的敌意导致显然是民族主义的科学史。例如，著名的法国物理学家和数学家埃米尔·皮卡尔(Émile Picard)1916 年撰写一部科学史，是要表明科学发展中的一切好的都归功于法国科学家，而一切坏的都归因于德国科学家。(重印于 Coleman，1981)另一位物理学家、诺贝尔奖金得主菲利普·莱纳德(Philippe Lenard)20 年后基于纳粹德国想要发展的雅利安人或种族(völkische)科学观，撰写了一部“雅利安科学史”。[①] (Lenard，1937)莱纳德的史学除了别的以外，本身显示出试图区分所谓雅利安人的科学贡献和所谓犹太人的科学贡献。莱纳德论证说，对科学史的所有实际贡献都是雅利安人做出的，而许多犹太大科学家不是进行了糟糕的研究，就是从非犹太人那里窃取了他们的好想法。

在苏联，大约从 1930 年到 1955 年，民族主义神话化盖上了一个 110
特殊的印记。作为对政治制度的辩护以及为了增进俄罗斯民族的自尊，科学史在意识形态上得到利用。人们希望通过使用有目的地设计的科学史，帮助抵消苏联的文化和科学落后感。除了其他东西之外，这种历史以畏惧和憎恨外国人以及坚持自称有一系列优先权为特征。(Joravsky，1955；Graham，1972，第八章)苏联共产主义独自宣称与科学进步有密切联系，而这种联系必须在使其合法化的历史中予以表达，换言之，必须说明俄罗斯的科学进步是怎样仅仅随着共产主义而到来的。该时期的苏联科学史部分是共产主义史，但也是一部俄罗斯民族史，它对官方认为是西方在科学领域中的不公正支配的那些东西，采取敌对态度。正如在纳粹德国一样，得到传播的仅仅是斯大林主义的科学史，因为它是政治制度所认可的。制度改变的时候，历史也就变了。

“外部”合法化不需要直接服务于政治功能，但可以涉及诸如宗教的观点。一部科学史并不因为它是根据某种宗教观点撰写的就是意

① 杰出的化学家和化学史学家保罗·瓦尔登(Paul Walden)在化学方面提供了与莱纳德的纳粹科学史相似的东西，见 Walden(1944)。

识形态的,但是,如果其主要目的是使某个特殊的宗教合法化,那么它就成为意识形态的了。显然,证明无神论的愿望所能导致的历史,一样是意识形态的。[①]

可以在一位杰出的、广受拥戴的科学史学家斯坦利·杰基(Stanley Jaki)那里找到被称为"基督教科学史学"的一个有特色的例子。在一系列著作中,杰基进一步引申了迪昂的观点,并且坚定地主张科学就是中世纪基督教信仰的结果。但是,迪昂强调他的科学发展观的合法性独立于他的天主教信仰,并且不是特殊的天主教—基督教观点,而杰基则走得更远。按照杰基的看法,只有那些认识到圣经是上帝的话语的真诚的基督教徒,才能真正理解科学史。[②] (Jaki,1978*a*)用不着考虑那些对这种情况持有与杰基和迪昂不同观点的史学家,因为他们被反教权偏见和其他正教的缺乏形式所蒙蔽。因此,马赫不能理解科学的兴起"恰恰就是因为他对福音和基督教的憎恨……这就是马赫
111 即使想成为却没能成为科学史学家的一个主要原因"。萨顿对迪昂的冷淡态度,通过"共济会成员萨顿的在与马克思主义的不成熟欢闹之中诞生的教条社会主义结合在一起的根深蒂固的反教权主义"来解释。至于惠威尔,他至少是不反教权的(惠威尔是一位牧师),他的《归纳科学史》中的弱点在于这样一个事实,即"它没有为福音中讲的话在智识史中提供任何角色"。(Jaki,1978*a*,57,78,61 页)

应当把民族主义的或者爱国的科学史与对民族科学的研究区分开来。民族文化和民族的政治和经济制度是现代科学的风格和发展的主要决定因素,因此不研究这些方面是不合常情的。在现时代,民族科学研究,尤其是在美国的史学家当中,已经繁荣起来。在这种科学史中,民族主义倾向自然应当包括在内,但仅仅是在这种程度上把

---

① 经典的例子见 Draper(1875)和 White(1955)。

② 杰基还详细论证说,"科学之路(road)在历史上和哲学上都是接近上帝之路(ways)的逻辑通道(access)。对这条路(road)的研究,就是科学史学。"(Jaki,1978*b*)

它包括在内，即它们在历史发展中确实起过作用，而不是通过诠释历史资料认为它们起过作用。

科学史有它自己的“帝国主义”，这种“帝国主义”部分反映了这一事实，即通过历史和社会考察的科学几乎纯粹是一种西方现象，集中在少数几个富裕国家。科学可能是国际性的，而科学史却不是。西半球强国对科学史职业的抢先占有不仅仅反映出这些国家在科学发展中的重要性。某种程度上，至少它也反映出这些国家当前的经济和科学实力。只是在最近这些年，人们才开始对源自非欧文化或者传输到非欧文化中去的科学发展产生兴趣。[①] 占支配地位的、所谓国际性的科学史已经忽视了那些小的、孤立的，或者由于某种其他原因发现它们处于学术共和国边缘的国家，这种感觉很普遍。[②] 这并非完全没有事实根据。

科学史能以一种不同于被外部地用于颂扬政治、宗教和民族的方法，在意识形态上起作用。这就是为科学家们关于他们学科的概念以及他们自己在学科发展中的作用，提供一个神话—历史根据。这种历史是内部的，针对的是该领域的科学家或者新手，而且通常是科学家
们自己生产出来的。科学家不仅仅是科学史的被动对象，他们也是科 112
学史的主动消费者和生产者。

用库恩的术语可以说，学科史的形式是作为一门科学学科范式的必要部分出现的。历史元素尤其以范例的形式出现，这些范例就是对

---

① 关于科学向第三世界的传播，见 Pyenson(1982)。在过去几十年间，科学在东方文化中的发展已经吸引了许多科学史学家，而且产生了其自身的学报，包括《阿拉伯科学史学报》[*Journal of the History of Arabic Science*)、《科学史》(*Historia Scientarum*，其前身是《日本科学史学报》(*Japanese Journal for the History of Science*)]以及《印度科学史学报》(*Indian Journal for the History of Science*)。拉丁美洲的科学也有其自己的学报，名为《基普》(*Quipu*)(“基普”是古代秘鲁人用来记事和计数的结绳。——译者)

② 官方的《罗马尼亚评论》(*Romanian Review*)第 31 卷(1981)，是题献给 1981 年在布加勒斯特(Bucharest)举行的第 16 届国际科学史大会的专辑，其中的不公平认归感是独特的。尽管坚定地强调了科学的中性和国际主义，但是罗马尼亚作者们也声称，许多重要的发现都是罗马尼亚科学家首先做出的，因此应当“属于”罗马尼亚。

于如何实施该专业的研究起着榜样作用的,具体的解答问题的共同的标准典范。范例主要取自科学史。关于历史范例以及学科或者建制的创始人物的知识,是科学家为了被算作该学科的一位从业者,不得不去经历的社会化进程的重要部分。构成学科传统或者建制传统的一部分的科学史,就构成了科学家的自我理解的文化传统:他的学科曾经是怎样发展的?哪些领域和方法是有价值的?该学科的奠基者和权威是谁?更高目标是什么?等等。这种建制化的科学史曾被称为科学家们的“工作史”(working history)。(Fisher,1966,158 页)这不仅仅是追溯史,而且还是实践的、向前看的历史,它是在该门学科中工作或者想加入进来的那些人遵循的实践说明书。

由于工作史在科学共同体社会学中的实践功能,因而它是神话性的。对发展给出的真实描写的程度并不重要。工作史构成了一个准历史的参考系,这个参考系带有与科学共同体共同拥有的学科策略有关的含义。它与给一个民族以一种共同的民族背景,或者给一个宗教共同体以一种共同的身份的民族史或者宗教史,是同样的类型。

工作史实质上是静态的,并且是为某种社会化功能服务的。正是这种历史,标明了常规科学的时期,在这种分期中,关于学科的建立不存在不一致的看法。在范式转换的情况下,工作史就变得不充分了,而且常常受到新的学科史的挑战,人们打算使这些新的学科史重新定义学科的边界和方法。新的学科史要么会被建构成为对一场尚未完成的革命的约定,要么被建构成为对革命发生后实践者们关于该学科的概念的修正。(参见 Laudan,1983)较为保守的历史版本,通常会与那些有意使革命性变化合法化的学科史进行斗争。

113 偶尔,科学家们通过在他们的著作中引用的办法,用历史来承认权威和范例。如果一部著作通过这样的引用,能够表明它属于历史研究传统,而又有许多声望归于这种传统,那么,就会有部分声望被传递给该著作;或者说,把新的非正统的思想置于与正统的历史传统相对的地位，会使该非正统思想显得更加革命。另一方面，人们常常靠准历史的论点来批判新的思想；要么抨击这些思想与所接受的正统观点相比而言是异端，要么断言它们根本上就不新，只是在科学史上早就出现过的思想的重复而已。

一个最清楚的能够支配研究的历史榜样个案，很可能就是牛顿范式在 19 世纪的巨大影响。牛顿——不是那位真正的牛顿而是一位半神话的牛顿——在这个时期是人们为了支持或者批判新理论而经常被提及的一位权威。不仅在物理学中，而且在化学、生物学和地球科学中，人们都常常乞求牛顿的权威。当托马斯·杨(Thomas Young，1773—1829)提出一个认为光是无处不在的以太中的一种波动的光理论的时候，他就不辞劳苦地把它描述为牛顿本人思想的自然延伸。按照牛顿的思想，正如通常所理解的那样，光是一束细微的粒子，而不是一种波动或振动现象。然而，牛顿也曾推测光是以太的振动，而杨事实上受惠于这些推测。杨得出的结论是，“对牛顿各种作品的更为全面的考察，向我展示的是，他实际上是第一位提出我所极力主张的那种理论的人；牛顿本人的看法并不像现在几乎普遍认为的那样偏离这个理论。”[①](Young，1802)因此，杨努力校订光学史，是为了帮助他规定他认为在这门学科中应当做出的替换物。然而，杨理论当时对科学共同体几乎没有产生什么影响。更早的振动理论家如本杰明·富兰克林(Benjamin Franklin)由于向被认为是牛顿光学的东西挑战，常常受到以准历史为基础的批判。杨由于重申了与伟大的牛顿所教导的东西相冲突的老的笛卡儿假说，因此也受到了批判。

19 世纪 50 年代末，能量守恒定律已经被普遍接受，并被认为是科学的柱石之一。然而，由于在牛顿那里根本就没有找到能量概念，几 114

① 不应当把杨对牛顿的引述仅仅诠释为使其理论合法化的一种努力。对杨理论为何没有立即得到承认的“牛顿潜意识压抑”解释夸大了牛顿主义的权威性。见 Cantor(1983，129—146 页)，以及 Worrall(1976，112—114 页)。

乎就不能使他的灿烂在能量定律上显露出来。而且,当时也没有必要使已经胜利的能量守恒原理合法化。即便如此,一些科学家还是觉得,如果在这种情况下能够恢复历史连续性,那么,牛顿传统的威望就能够保持不断裂。因此,维多利亚时代英国两位最杰出的科学家泰特(Tait)和汤姆森(Thomson)就以牛顿似乎是能量守恒原理的真正原创者这样一种方式,重新诠释牛顿《原理》的经过。以这种方式,就可以认为能量守恒的发现,是牛顿富有灵感的预觉的实现。①

科学家们为了为他们本人的贡献的原创性辩护,常常利用种种版本的学科史。在某些情况下,这是通过明显地全然遗漏历史而含蓄地发生的。1789 年出版的拉瓦锡的划时代的《化学基础论》(*Traité Elémentaire de Chimie*)就是这样一个例子。拉瓦锡敏锐地意识到他作为一个革命者的使命,并想把自己的工作描述为化学的全新基础。为了强调科学的化学仅仅是随他而产生的,拉瓦锡完全忽视了更早的化学家的工作。拉瓦锡推想,提及他们的工作,即便是批判他们,也会削弱他的绝对原创权。拉瓦锡的著作没有用到历史,但它却产生了一种根本修改了的化学史学。(Bensaude-Vincent,1983)

在另一部科学经典著作,赖尔的《地质学原理》(*Principles of Geology*)中,没有忽视历史。相反,赖尔的著作以详细讨论地球科学史的四章作为序言。依靠赖尔的成功,这种版本的地质学史获得了幸存数代的权威性。史学家们和地质学家们都把赖尔的历史当作最后的历史来接受,并且根据赖尔所写的来布置他们的地质学发展图景。现代更多的批判史学家们论证了这个传统的神话特征,认为赖尔的历史主要是自我推销。(Porter,1976;Laudan,1983)赖尔的历史序言的要旨是:直至 1830 年,地质学都处于原始的非科学发展阶段;正是《地质

---

① 根据泰特传记作者的看法,这个神话是这样造出来的:"一天他[泰特]对汤姆森说,'如果我们能够唯一地找到能量守恒,那么它就必定是在牛顿那里的某个地方。'他们亲自仔细地重读拉丁原文的《原理》,而且不久就在定则 III 的附注的最后那几句里发现了这个珍宝。"(Knott,1911;转引自 Elkana,1974,49 页)

学原理》打破了先前的偏见，开创了将会走向科学的地质学的时代。
像拉瓦锡成功地成了化学中的牛顿一样，赖尔也想把自己确立为地质
学中的牛顿。为了使自己的主旨严格地讲清楚，赖尔制作了一部由一 115
些大科学家组成的歪曲的历史，这些科学家关于地球的演化持有基本
不合适或者错误的想法。赖尔的手法部分在于捏造并不存在的地质
学中的矛盾，部分在于制造与他本人形成对手的看起来可笑的观点。
他为自己做的巧妙宣传在一个多世纪里结出了果实。

在一条被引用很多的忠告中，爱因斯坦曾经说："如果你想从理论物理学家们那里找出关于他们采用的方法的任何东西，那么，我劝你严格信守一条原则：不要听其言，而要观其行。"（Einstein，1933，1 页）这是一条不必限于理论物理学的一般忠告。但是，不应当把它理解为，值得考虑的仅仅是发表了的科学文稿。从历史的观点看，科学家们的话语，他们对于正在发生的事情的反思性和回溯性描述，不能与他们的行为截然分开。科学家生产的历史记叙反映的并不是他们的科学贡献，而是他们自身和他们的科学的形象。对史学家来说，科学家们对于科学史或多或少的业余性质的描述，是有关科学家的个人态度及形象的有价值的原始材料。

让我们简要地看一看爱因斯坦对科学史的态度。像其他科学家一样，爱因斯坦广泛利用了科学史，并且发展了自己关于应当如何描述物理学史的观点。[1]（Byrne，1980）按照这种观点，科学史的任务，就是重构那些能够以一种有意义的方式，为构建科学的发展服务的示范概念和原理。爱因斯坦本人的半科学史工作就说明了这个纲领。它们是示范的科学史而不是真实的科学史。为了揭示真实历史中并未

---

① 伯恩(Byrne)对于他称之为"阿尔伯特·爱因斯坦的科学史"的东西的分析，夸大了爱因斯坦在历史方面的兴趣和能力。爱因斯坦是一位伟大的物理学家，但并不是史学家。伯恩用于诠释的主要原始材料，是爱因斯坦和因菲尔德(Infeld)的一部通俗的半历史著作。考虑到两位作者的意思是它是"一个闲谈"(序言)这一事实，把它分析得好像它就是对于科学史的一项严肃贡献似的，这就过于牵强附会了。

出现的连续性，它们全力关注的是以一种理想化的方式构建和选择的概念主题(例如场的概念)。因此，爱因斯坦组织历史材料，常常没有感觉到他自己所受到的年代顺序的束缚。显而易见，爱因斯坦对科学史学家们的评价并非很高，他宣称他们“是文献学家，并不理解物理学家们的目的何在，他们如何思考，如何与他们的问题搏斗”[①]。他在一位物理学家而不是史学家恩斯特·马赫的著作中找到了他的科学史理想。
116 没有理由把爱因斯坦的权威性从物理学转移到历史中，这应当是显然的。不过，由于他的观点是一位科学巨人的观点，因此是有趣的。

1912 年，三位德国物理学家马克斯·劳厄(Max Laue)、瓦尔特·弗里德里希(Walter Friedrich)和保罗·克尼平(Paul Knipping)在慕尼黑发现，如果 X 射线穿透某个晶体就会产生衍射图案。这个重要发现不仅证明了 X 射线的波的本质，而且还证明了晶体的点阵结构。像其他重要发现一样，X 射线衍射的发现曾成为许多准历史兴趣的主题，导致了一种正式的学科工作史。这种历史受到史学家保罗·福尔曼(Paul Forman)的批判，他认为它是一个神话。(Forman，1969)福尔曼分析的示范重要性，成为当下史境中更加综合的处理的一个根据。

背景是这样的，1912 年以来，X 射线结晶学已经发展成为一门独立的学科，它以期刊、学术会议、国际联合会和专业网络的形式拥有本身的社会结构；这个学科结构中也包括一个共同的神话。X 射线结晶学家共同体尤其是以纪念文集和共同体领先成员的回忆录的形式，已经使其历史建制化。创设的这个学科传统的事件史，以劳厄、艾瓦尔德(Ewald)和布拉格(Bragg)的回溯性思想为基础，这三个人都是 X 射线结晶学的奠基者。正式的创设神话关心这样的问题，即“为什么 1912 年在慕尼黑发现了 X 射线的衍射”，其答案就是，该发现取决于两个因素：

---

① 1951 年与罗伯特·向克兰(Robert Shankland)的对话。转引自 Holton(1973，327 页)。

(1) 对晶体点阵结构的认同和兴趣。

(2) 对 X 射线的波状本质的认同和兴趣。

这个发现自然会在满足这两个条件的地方做出。按照艾瓦尔德和劳厄的看法，发生的地方是慕尼黑的原因是：

(1′) 1912 年点阵思想还是一个门外汉理论，除了慕尼黑之外任何地方都拒斥它；在其他地方，物理学家对结晶学不感兴趣或不熟悉。

(2′) 认为 X 射线是波的思想在慕尼黑有一批强烈的追随者，而在大多数其他地方 X 射线被视作脉冲或者粒子流。

值得注意的是，在这个例子中，正式的史学没有像常常发生的那
样，把这个先驱性发现解释为发现者天才的结果，而是解释为专业环 117
境的结果。

福尔曼现在声称，正式的创设史学是一个神话，因为他说明了(1′)和(2′)事实上没有根据。1912 年，结晶学和 X 射线的波状本质都是欧洲许多物理学家感兴趣的公认的思想。所以，(1)和(2)不能是为什么应当是劳厄、克尼平和弗里德里希发现了 X 射线衍射的满意解释。福尔曼称(1′)和(2′)为神话而不是纯粹错误的原因在于，他认为它们实现了对牵涉在 X 射线结晶学之内的那些科学家的一次特殊的合法化功能，也就是“通过将其追溯到比初始事件更高、更好和更神奇的真实上，来强化传统，赋予它更大的声望”。(Forman，1969，67 页）福尔曼采取的是他称之为人类学的视角。他认为，一个现代科学共同体，实质上可以用与人类学家研究原始部落时所用的同样的社会学和心理学方法进行分析。[①]

① 福尔曼引起争论的人类学视角与所谓爱丁堡学派几年后发展起来的纲领有关。“……那些研究自然知识的人觉得可以无拘无束地用社会科学的任何一般方法和理论去做实验。就这样的方法和理论在艺术、宗教或者没有文字的社会的宇宙论的境况中，或者任何其他环境中似乎有优点的情况而言，它们也许可以证明在对科学的研究中也是有用的。作为一种典型的文化形式，科学应当对一般推进我们对于文化的理解的任何东西做出响应。”(Barnes and Shapin，1979，10 页）

按照福尔曼的观点，神话形成中涉及的技巧，首先与设置的神话主人公必须克服的障碍有关，其次与把这个发现描绘得确实具有示范性，也就是方法论上的教训有关。然而，在X射线衍射这种情况下，神话主人公不是某个个人，而是环境。福尔曼说(Forman，1969，69—70页)：①

> 神话主人公要越过的障碍越多、越难，神话就为其社会功能服务得越好。正是以这种方式，我们才能理解对于空间点阵理论日益明确的坏名声的断言。因此我们也能理解这样的断言，即认为最初的实验需要曝光许多小时，而几乎可以肯定它们事实上没有持续到30分钟。然而，物理学家比野蛮人对其神话要求得更多——它们要符合他所认定的好的物理学，它们即使难以令人置信也应当内在一致。……一个历史上处于边缘之外、确实不正统、由于这样或那样的原因而被正统的科学家们视为危险的见解，在神话里变成该门科学中主导的、正统的见解。然后，这个神话就用神话化的事件或者发现，去推翻那个有威胁性的“广为传播的”见解。

福尔曼对于源自“结晶学家兄弟会文化”史学的批评，已经由这个兄弟
118 会的族长之一艾瓦尔德做了回答。(Ewald，1969，72—78页)在我正当地看来，艾瓦尔德是在警告史学家不要为了揭穿某些神话而去创造神话。能够使历史神话化的不只是科学家。以下剪辑的对话就阐明了批判史学家与科学家的见解之间的基本差异。(Forman，1969，41，68页；Ewald，1969，81页)

福：“神话与轶事——一种幼年神话——在当代科学中具有重要的，或许甚至是合法的功能……但是因为它们自称是历史的，所以神话和轶事对于历史来说就是颠覆性的。”

艾：“为什么史学家需要用神话来维护结晶学‘宗族’的身份？实际上，这个

① 福尔曼对科学家—史学家的批判态度多年没有减弱。例如他在1983年的一篇评论文中说：“对于科学家们来说，历史不是他们为真理而搏斗的场所，而主要是他们举行庆典和自我祝贺的场所。”(Forman，1983，826页)

群体在共同利益、共同方法、同源的研究问题,以及他们领域发展的共同经历中不是也能找出其身份吗——就是说,实际上它就不需要神话的根据了吗?”

福:“……作为科学家的科学家,并不认为历史事实有什么价值;历史完全从属于当前的需要,而且也确实仅仅以服务于当前的程度和形式而存在。……只要他回避‘优先权’问题,他的同事就不会被迫——事实上甚至无权——批评他对于不正确地陈述史实的理由做出说明。”

艾:“确实,科学家不是受过训练的史学家;相反,他们曾经有过随他们的学科一起成长的个人经历,以及了解成长期间普遍动机的个人经历。史学家真的有权认为他对于发生的事情和成为动机的东西的描述不合格,而是神话和轶事吗?这只是因为神话在原始社会起着重要作用!他可以从学报页面上恰当地辨识出各种动机吗?或者不受他对于什么应当是已知的、已做的和已想过的东西的由果至因的知识的影响,去评价事实吗?”

艾瓦尔德在这里提出的一些问题,确实是科学史学的核心问题。在我 119
看来,在驳斥实际牵涉到的科学家作为真理的见证人做出的历史描述方面,福尔曼是有道理的;就像史学家在许多情况下(当然并非总是或者无条件地)做的都是有道理的一样。应当注意,福尔曼实际上并没有指责科学家仅仅生产神话。作为科学家的科学家是科学的化身,历史真实性与他们不相干。在实践中,活生生的科学家绝不只是科学家,而很可能也是优秀的史学家。

无可否认,史学家不能“从学报页面辨识动机”;但是他却能够指出不一致的地方,考察未发表的材料,并以其他方式用历史批判的方法去揭示动机。正如艾瓦尔德指出的,史学家不能够完全避免受他由果溯因的知识的影响。但是,这更符合那些对其牵涉于其中的早期研究进行评论的科学家。以历时视角看,史学家至少可以把往往存在于他自己在时间中的定位的那种歪曲减到最少。此外,史学家不像科学家,很少亲自卷入所谈论的历史之中,因此能够更好地做出公正的分析。

无论如何,在那些科学家们给出的,由他们本人或者他们的同事做过的研究的历史叙述的几乎所有情况中,史学家都能指出错误或缺陷(见第十三章)。“随他们的学科一起成长的个人经历,以及了解成长期间普遍动机的个人经历”并没有使科学家们成为真理的见证人。另一方面,它也没有自动取消他们的陈述的神话资格。

思考题

1. 什么是科学史中的意识形态?它有什么特点,包括哪些方面?
2. 什么是外部合法化?什么是内部合法化?举例说明之。
3. 什么是科学史中的神话?为什么说科学史中的神话本身既不保守也不进步?
4. 为什么说科学家们的工作史是神话,并且构成了一个准历史的参考系?举例说明之。

第十一章　原始材料

原始材料、源物与源材料—一手材料与二手材料—原始材料的独立性、可靠性与分类—针对问题从二手材料着手—支持和否定事件真假的五种情况

原始材料(source)是来自过去的客观给定的有形的东西,由人类 120
创造出来,例如,一封信或者一个陶罐。但是,这种东西本身并不是原始材料。可以把它称为过去的遗物或者源物(source object)。如果这种遗物要达到源材料(source-material)的地位,它就必须是来自过去的证据,必须告诉我们一些关于它的事情。该遗物必须能够用来以某种潜在的形式给出一些它所包含的信息。正是史学家,通过他的诠释,才把遗物转变成原始材料。史学家从特定的假说(本身不必有任何文献基础)对它提出各种问题,迫使原始材料去揭示信息。与遗物不同,原始材料之作为原始材料,并不是有形的东西,而必须被当作已经释放了的信息。被原始材料揭示出来的信息,也就是这个意义上的原始材料本身,就成为原始材料对象与史学家的相互作用,成为过去与现在的交汇。由此得出,当源物一定时,完全相同的原始材料能够揭示不同而且可能是冲突的信息。

在前面几章我们已经看到,源材料不是一次全部给定的,而是源于过去的遗物与现在的诠释之间的辩证过程。科学史原始材料也不例外。文献学家和史学家尤利乌斯·鲁斯卡(Julius Ruska,1867—

1949)对这种关系描述如下(转引自 Weyer,1974,3 页):

> 各门科学的历史将继续依赖于它当时所支配的原始材料,但是,正确地评价和使用原始材料反过来又将依赖于史学家进行历史批判的能力。像科学自身一样,对其历史的描述是一个永无止境的过程。

121 有些原始材料描述的是撰写出来的过去,这种撰写带着讲述的目的,而讲述的又是关于曾经是当下的某种东西;要么针对同时代人,要么——更少——针对后人。这些有意提供证据的原始材料常常被称为含义清楚的或者符号性的原始材料。与之相反的则是,仅仅是无意或者不情愿地给出信息的"无言的"或者非符号性的原始材料。符号性和非符号性原始材料都是人类创造的,而且它们之间的界限也不是非常分明。信件和其他书面文献是典型的符号性原始材料。与非符号性原始材料不同,它们包含着一种规范的信息,例如对撰写它们时存在的形势的评价。主要是符号性原始材料提供了与对原始材料的批判分析相联系的问题。与科学史最相关的原始材料主体上就属于这一类。李比希实验室的曲颈瓶是非符号性原始材料,有该实验室记录的笔记本是符号性原始材料。

除了别的之外,原始材料分析的目的,是确定原始材料的独立性和可靠性。关于这一点,通常要区分**一手**材料和**二手**材料。我们所指的一手材料,是一种源自它揭示出与之有关的信息的那个时候的材料,这样的材料与历史真实(在年代学意义上,不必涉及可靠性)有着直接的联系。二手材料建立在更早的一手材料之上。只有在研究符号性原始材料的时候,一手材料和二手材料的区分才有意义。而且,这种区分并不是一种明显的区分。由于原始材料只是在特定的史境中才是原始材料,因此,同样的源物依其为何而用,既可以是一手材料,又可以是二手材料。迪昂的《物理学理论的目的与结构》(*La théorie Physique*)对于想研究万有引力理论史的史学家来说,是有用的二手材料;而对于想考察世纪之交的实证主义科学观的史学家来说，则是很好的一手材料。

那么，科学史中要找的典型的一手材料是什么呢？不可能造一张详尽无遗的表，但是最重要的原始材料是下面这些：

1a　信件 122

1b　日记、实验室日志

1c　笔记本、私人便条

1d　科学著作的手稿和草稿

2a　科学机构的议定书和备忘录

2b　科学机构的报告和报道

2c　职位申请书、求职广告和对申请人的评价；有关同意加入学术社团和类似机构的资料

2d　专利申请书和正式的专利说明书

3a　未发表的论文、获奖著作、学位论文等

3b　重印作品

3c　发表的科学论文和书籍（或者纸草纸上的古文献、铭文等）

4a　综述

4b　教科书、试卷、演讲笔记

4c　手册、表格、便览

5a　自传、回忆录

5b　电影、插图、地图、照片、电视节目

5c　录音磁带、收音机节目

5d　访谈、问卷表

6a　官方报告、行政备忘录、法律文书

6b　仪器制造商、科学出版商及其他与科学有关的公司的计划表和销售清单

7a　非科学书籍和文章

7b　报纸

8a　文库

8b　文献目录

此表试图根据下列想法对原始材料进行分类:放在1、3和部分放在4中的原始材料与被认为是创造性的智识活动的科学工作相联系。第2类和6类与科学的社会环境和建制环境有关。放在第5类的原始材料涉及科学的不同方面,主要是非技术性质的。第7类说明可以见到的印刷出的原始材料形形色色。特别是与科学的社会和文化方面的联系,可能的信息会散布于与科学无关的其他方面的许多不同的原始材料中,如小说、诗歌、杂志、报纸等。

123 另一种对原始材料进行分类的办法是奥塔·达尔(Ottar Dahl)提出来的,他对私人的和机构的原始材料做了区分。这两种原始材料都能够既是公开又是"机密的"(非公开的)。(Dahl,1967)以一种经过修改的形式,用以上给出的种类,这个方案可以具有以下形式:

	私人原始材料	机构原始材料
机密的	1a,1b,1c,1d,5d(2c,2d)	2a,2b
"半公开的"	3a,3b,8a	6b
公开的	3c,4c,5a,7a,7b(4a,4b)	2b,6a,8b

到现在为止我们提到的这些原始材料都是符号性类别的,包括书面信息(除了5b和5c之外)。源物由纸或者类似材料组成。但是也存在对于科学史很重要的非符号性一手材料:

9a　建筑物、实验室

9b　仪器、机器、设备

9c　具体的模型、培养皿、刻写板

9d　化学药品、植物标本集、博物学收集物

与纸上的原始材料相比,上面这些原始材料少,而且其存在是偶然的;但是当它们确实存在时,它们能给出关于科学的实验和技术方面的有

价值信息，如果史学家只依靠书面原始材料，就很可能对其估价过低。书面原始材料通常保存在档案馆，而博物馆则自然是找到第 9 类原始材料的地方。

二手材料不像一手材料那么多种多样。它们通常包括以下范畴：

10　纪念文集、讣告

11　传记（非当代的）

12　追溯性的思考

13　科学史著作

14　其他历史著作

这里并不打算将以上提到的全部类型的原始材料都系统地过一遍。戴维·奈特已经给出了对科学史原始材料的详尽说明，读者可以参阅。（Knight，1975）接下来，我的评论将只限于某些原始材料。

原始材料 1a—1d 是对实际的科学过程的最直接的表达，这个属 124
性使它们特别有趣。因为这些原始材料并没有打算公开，所以它们常常被当作很可靠的证据。它们不仅仅是思考的方法和方式的可靠证据，还通常仅仅以浓缩、编辑，而且很可能是篡改了的形式才在完成了的出版物中出现的实验资料的证据。出于这个理由，实验室日志和类似实物是重建科学史上的事件过程的有价值的原始材料。[①] 近些年来，人们已经做了很多事情来保存这些信件、手稿、笔记本以及其他涉及现代研究的东西，并将其整理归档。[②]

非公开的一手材料的最大重要性，与所谓"发现的史境"和"辩护的史境"之间的重要区分相联系。[③] 前者涉及用来生产科学知识的程

---

① 令人惊异的是，有些档案保管员和史学家认为，这样的原始材料是多余的，"当试验或实验资料包含的信息在发表的报告或者统计概要中被浓缩的时候，应当销毁这些资料"。（M. J. Brichford，转引自 Elliot，1974，30 页）

② 档案、文献目录、书目和手册等方面的新近指南，见 Jayawardene(1982)。

③ 多数关于科学论的书中都讨论了发现和辩护的史境。例如，见 Lakatos and Musgrave(1970)。

序，而后者涉及的则是这样的知识的可接受性判据。智识史学家将会照它实际上的定义，承担研究发现的史境的义务。就揭示具体发现的史境而言，已发表的一手材料并不是最可靠的证据。只是在很少的情况下，出版物才给出关于真正的研究过程的信息。

开普勒的《新天文学》(*Astronomia Nova*，1609)就是这样一个例子，其序言说："对我来说要紧的，不仅仅是要告诉读者我必须说的东西，首要的却是要向他传递引导我做出发现的理由、花招和机遇。"[1]但是不论是从开普勒时代存在的规范看，还是特别地从后来时期的实际规范看，开普勒都只是一个例外。然而值得注意的是，在发现的史境与辩护的史境之间有明显区分的现存出版物规范，并不是科学论述的必要部分。在卡夫瓦(Caneva)指称的"具体的"科学发展的某些阶段，提出证据并把思维过程描述得就像是科学家的实际思维过程似的，就是科学整体的一部分。不仅仅是把这个标准当作一个好的风气，而且还要把它当作一个真正的判据。以下引自 1812 年的一段话是典型的这种"具体的"科学标准：[2]

> 由于勾勒出的观点……在我看来是真正按这三节中表达出的探索顺序呈现
> 125 出来的，因此，我认为我自己实际上就得被迫坚持同样的描述顺序，因为当精确地知道了引导或误导作者的思想过程时，要揭示一个理论的不合逻辑的推论就容易多了。

当"具体的"关于科学的理想被 19 世纪中叶以来支配着科学出版物的"抽象"标准最终替代的时候，这个理想在 19 世纪中叶便消失了。

---

① 转引自 Koestle(1960，124 页)。爱因斯坦始于 1917 年的宇宙学基础论文《对于广义相对论的宇宙学的思考》(*Kosmologische Betrachtungen zur allgemeinen Relativitä tstheorie*)中包含着现代类似的话。爱因斯坦在导言中告诉读者，"我将陪伴读者看一看我本人曾经走过的路，一条相当崎岖、弯曲的路，因为不这样我就不能指望他会对这趟旅程的最终结果感兴趣。"英译文载 Einstein *et al*(1923，83 页)。

② 译自德国物理学家和生理学家保罗·艾尔曼(Paul Erman)在奥斯特的发现之后不久撰写的一部关于电磁学的早期著作。转引自 Caneva(1978，83 页)。

非公开原始材料的价值取决于史学家的视角和兴趣。就科学的认识方面而言，非公开原始材料将是绝对要优先考虑的。但是如果历史兴趣集中于比如作为社会现象的科学上，那么，这种原始材料就不适用了。从这个视角看，笔记本、实验室日志和手稿大半就是不相干的了。正是这些原始材料是私人的这一事实，意味着它们很少谈到科学社会史。只有作者本人才知道的手稿，对科学的社会发展不会有任何影响（尽管它能反映这种发展）。因此，社会史学家把注意力集中在那些与定位于认识方面的史学家的原始材料不同的原始材料，特别是那些公开的和机构的原始材料，证明是有道理的。

一般来说，社会史比智识史需要更复杂、更多样化的进路。例如，处理某个特定的科学领域的发展，社会史学家不仅必须考察演员，即科学家，而且还要在广泛的意义上考察他们的受众。出于这个目的，第 7 类中的原始材料常常就是相关的了。科学设备制造商、供应化学药品的公司以及科学图书出版公司，就构成了科学发展中的一个重要的、尽管常常是被忽略了的因素。与科学的商业性方面相关的原始材料不同于其他原始材料，常常容易被忽略（6b 类）。

第 3 类中的原始材料构成了可被称为科学研究前沿的东西，而第 4 类中的原始材料则不会揭示很多关于创造性研究的东西。但是，对于达到对一门科学学科的已确立的发展阶段和范式基础的理解来说，教科书将是重要的源材料。工具书和专著也是这样，甚至可能更是如此。教科书是经过认可了的一门学科的知识大全的浓缩阐述，给了我们关于这门学科在任一特定时候的状态的信息。教科书和类似的原始材料给出了由之合理地评价科学贡献的规范。发现这种规范，就能 126
避免那种可能要发生的把边缘知识等同于普遍接受了的知识、把冰山之一角与冰山本身相混淆的错误。新知识并非瞬间传播，不管我们今天看来一个发现曾经怎样真实和重要，就因为它是在某个特定的年份里做出的，因此它就不会立即得到传播和承认。

尽管教科书本身并不形成活跃的研究前沿的一部分,但是,它们作为先驱科学的原始材料也是有趣的;就是说,教科书作为将要成为科学家的年轻人所熟悉,并且由于这个原因或许在他们后来的发现中起了作用的文献,是有趣的。例如,在试图追溯激励爱因斯坦提出相对论的那些原始材料时,霍尔顿论证说,最重要的一份原始材料就是德国物理学家奥古斯特·费普尔(August Föppl)撰写的几乎被人们遗忘了的一部关于电动力学的教科书。(Holton,1973,192—218 页)

手册和科学百科全书具有与教科书类似的功能,它们往往会对某个特定的时候人们已知的东西提供一种权威性的表述。期刊和目录年鉴中可以找到的综述和摘要,是评价某个特定的人或者在某个特定的环境里,怎样接受一部科学著作的很好的原始材料。与科学出版物相比,综述中的风格往往更自由一些,而且综述者用一种更直接的方式表达自己的见解。综述是与方法论论战、优先权争论及类似问题相联系的特别重要的原始材料。例如,当阿尔弗雷德·魏格纳(Alfred Wegener)提出他的大陆漂移理论时,它被大多数地理学家拒斥了。判断魏格纳所面临的反对强度的最好办法,就是研究专题文集和综述文章。根据一位评论者的话,“魏格纳……不是在追寻真理;他是在拥护一个理由,而且对不利于它的每一个事实和论点都视而不见。”(转引自 Frankel,1976,307 页)

成为第 5 类原始材料中的研究对象的那类科学家通常都是著名科学家,他们的发现发生在该原始材料产生的多年之前。由事实上与该发现有牵涉的科学家所写下的记述属于第 12 类,但是也具有一手材料的某些性质。它们往往具有真正的价值,在很多情况下它们是了
127 解情况的唯一原始材料。还有一些个人问题,只有科学家才能回答,而且难以在其他知识的基础上检验。然而,回忆录和自传并非总是可靠,我们应当批判性地使用(见第十三章)。

关于科学发现的起因,可视原始材料几乎没有多大意思。一位工

作着的科学家在创造过程中，并没有一群电影或电视工作人员追随着他。不过，可视原始材料非常重要，尤其是涉及它们能够透露的关于过去的一般的科学概念的信息时，更是如此。假如对中世纪的人体图释做出适当的诠释，它们就可以产生在任何文本中都找不到的、关于中世纪的医学知识的信息。这些绘图涵盖了广泛的范围：地图、设备图、肖像、博物学实物图版、模型图及类似物图、图示描述，等等。无论是哪一类可视原始材料，它们总是绘制出来补充文本的，并且应当照此去考察它们；而且绘图也可以超越文本，获得它们自己的生命，超越科学与艺术之间的障碍。达·芬奇的解剖学图谱和阿尔布雷希特·丢勒(Albrecht Dürer)的动物学图谱就是著名的例子。对科学主题的旧图的分析，需要科学史学家像艺术史学家那样工作。在某些情况下，绘图也是关于早期科学物质基础的知识的重要原始材料，例如，对实验室的描绘、设备的剖面图。(参见 Hill，1975；博物学图谱，见 Knight，1985)图表和技术图是大多数技术史领域中必不可少的原始材料。

对于科学家阅读过的东西的研究，可以给出关于他们的一般背景的重要信息，特别是关于影响过他们的其他科学家的信息。如果能够考证某位科学家做出发现之前阅读过某部特别的著作，那么，这部著作对于该发现就可能有些重要，即使这位科学家本人并没有提到它。

在某位科学家的私人图书馆状态幸好保存完好，或者图书馆能够重建的极少数情况下，史学家会有一个难得的机会去形成一幅该科学家的生活图景。[①] 但是，显然不能仅仅依据科学家 X 拥有科学家 Y 所写的某册书这个事实，就形成结论。可以有很多理由解释 X 拥有 Y 的一册书的原因。例如，他也许从 Y 那里得到一册书，而没有阅读过 128
它。如果想确认 X 在工作中是否受到 Y 所写的书的影响，他就必须

① Harrison(1978)和 Crosland(1981)就是两个例子。

询问X实际上是否读过这本书。书页被裁开了吗？有折角或者其他使用过的迹象吗？给它作过注解吗？X是否提到过它？X是什么时候阅读它的？如此等等。正是根据关于牛顿拥有的书的知识，而非其他知识，考证出了他对炼丹术的兴趣(参见第二章)。如果一个人死的时候留下了100余卷可以归为炼丹术一类的书籍，那么，至少一定能得出结论说，这个人曾经严肃地关注过炼丹术。

讣告和类似的悼念文章是有价值但又成问题的原始材料。它们之所以成问题，是因为讣告的目的主要不是给出可靠的历史信息，而是为了颂扬逝世者的品格和生平。讣告几乎总是对其一生不加批判的或者至少是称赞性的描绘。此外，它们通常是由死者的同事或者学生撰写的，对他们来说，讣告在关于他们的学科传统的工作史中往往会起到一个环节的作用。简言之，讣告是我们在第十章中讨论过的那种神话史学的例子。

仔细查阅文献目录，常常是科学史研究的一个很好的入门工作。文献目录可以用不同的方式安排，例如，某个时期某个主题或学科的文献目录，或者科学家个人的文献目录。就许多科学家而言，都有或多或少完整的文献目录存在，有的情况下包括了超过1000余件出版了的著作。完整的文献目录不应当只包括原始的科学著作，还应当包括非技术性的著作，另有综述文章、译成外文的信息、出版的数目和版次数。二手文献目录有同等实用价值。《爱西斯》(*Isis*)的新近文献目录包括了所有新近的科学史出版物，是一个必需的工具。①

历史研究过程以问题境况为起点。史学家选择与他处理某个特定主题的愿望相联系的那个问题境况。他构想出关于这个主题的问题，逐步建立起关于他想知道的东西是什么的想法来。然后，这些问
129 题自然就会通向也许能够回答这些问题的特定的原始材料，而且很可

① 《爱西斯关键文献目录》(*Isis Critical Bibliography*)年刊。还有《体貌特征通报》(*Bulletin Signalé tique*)年三刊。

能通向新的问题。初始的问题境况将会通过研究过程,部分地转换成为对原始材料的某个研究结果。

第一步是要找到并识别出与所确定的问题相关的原始材料。这可能是一件困难的工作,它取决于主题的性质和在时间中的位置。从二手材料,尤其是从其他史学家已写下的关于同样或相近主题的著作开始,往往是一个好主意。用这个办法可以节省很多耗费在参考书上的时间,而且可以相对快地得到对需要更仔细考察的那些源材料的一个概观。然而,不管史学家多么彻底地搜寻源材料,他永远也不能成功地把研究建立在**所有**相关的原始材料的基础之上。不可能知道在尚未查阅到的原始材料中是否能够发现相关信息;不过,不相干的原始材料也许还会转而成为相关的。正是对原始材料的诠释,决定了它对于史学家提出的问题的相关性。

史学家一旦选择了原始材料,原则上就应当检查它们的可靠性。换言之,他应当警觉它们是伪造出来的可能性。我仅仅知道科学史上唯一的一个实际伪造的例子,但是它的数量是如此之大,它是如此荒诞不经,所以值得一提。① (Merton,1957)有一个叫弗兰-卢卡(Vrain-Lucas)的人,他在19世纪60年代制造了数以千计的历史文献,包括路德(Luther)、伽利略和牛顿写的信件[更不必说彭蒂额·皮拉特(Pontius Pilate)和玛丽·马格达朗(Mary Magdalene)——它们全都是用法语写的!]。在这位有发明才能的弗兰-卢卡的文献中,包括(11岁的)牛顿与帕斯卡尔(Pascal)的信件交流,信件揭示出后者是万有引力定律的真正发现者。关于弗兰-卢卡事件的最令人烦恼的事实,也许就是他在家里做出来的这些原始材料被几位法国科学家严肃地采用,这些虚假的文献增强了他们的爱国主义和科学虚荣心。

---

① 一个更著名的科学骗局是皮尔当个案。皮尔当化石1912年"发现",被当作史前人的证据普遍接受达40年之久。1953年才认清皮尔当人是一场精心设计的骗局。有关讨论见Brannigan(1981,133—142页)。皮尔当人是古人类科学的赝品,实际上不是科学史的赝品。有鉴于此,它不同于弗兰-卢卡个案。

历史批判是为了确认原始材料的可靠性和可信性,而批判地分析原始材料的过程。(Bloch,1953,90—100 页)目的是评价原始材料有多么接近历史现实,因为人们作了先验的假设,认为原始材料不会给出对过去的确切反映,而只能是来自过去的或多或少完整的信号。重
130 要的是确定原始材料是否可靠,它所注明的日期以及关于地点的信息是否正确,其假设的作者是否是其真正的作者,等等。在这个意义上,不可靠的原始材料不一定是赝品(但是伪造的原始材料绝不是可靠的)。原始材料揭示的直接信息何以没有展现它的实际起因,这可能有许多原因。萨顿曾说明,甚至一个貌似可信的一手材料怎样给出了虚假的信息。在托勒密一本地理学著作的早期印刷版的版本标记上,标注的日期是 MCCCCLXII,即 1462 年。但是几乎可以肯定,这个日期错了,该书直到 15 年之后才印刷出来。(Sarton,1936,13 页)

在对原始材料的分析中,要考察的中心就是确认原始材料的可信性。该原始材料代表历史现实吗?它的信息有多可信呢?正如已经提到过的,为什么未经进一步探究就不立即接受某个一手材料中的信息,这可能有许多原因。给出的信息通常是作者对现实的说法,而且必定总是在它发生的史境中得到评价。必须分析作者写出作品的动机,确认原始材料后面的原因。该原始材料原本是写给谁的?它是在什么情况下写出来的?首要的是,必须把该原始材料中的信息,与该原始材料所涉及的事件的其他证据相比较;部分是与其他原始材料相比较,部分是利用一般被人们知道的与该主题及当时有关的东西,去详查内容。例如,上面提到的托勒密地理学著作的那个版本的误注日期,并不是有意行为的结果:出版商和印刷者几乎不可能有任何动机给该书注上 1462 年,这必定是一个单纯印刷错误的结果。可以通过与托勒密著作的其他版本(第一版始于 1475 年)的比较,也可以根据同时代对该著作的评论,去辨识这个错误。

正如我们将在下一章中说明的,对原始材料的所有批判的中心就

是不同证据的比较。让我们想象一个可能发生在过去的特定事件 O。为了确定 O 是真是假，我们有一系列给出不同证据 E_l、E_2、E_3……的原始材料。通常，其中的一些证据会支持 O，而另一些则反对 O；我们可以指称这些证据分别为 E^+ 和 E^-。现在可能就有不同的情况：

1. 如果 O 明显地与已确立的科学知识相冲突，那么，人们就会立 131
即得出结论说，O 没有发生，E^+ 要么是虚假的，要么是被错误地诠释了。即使不存在具有 E^- 的原始材料的时候，这也适用。然而要注意，人们在这里用来评价 O 的知识，是已经确立了的他的时代的知识，因此这种评价永远不可能比这种知识更加确凿。

2. 如果只存在 E^+ 或者 E^-，而且没有特别的理由拒斥或者接受 O，那么，问题就不重要了。在这种情况下，人们当然会得出结论说，O 发生了或者没有发生。

3. 如果在 $E_1{}^+$ 和 $E_2{}^-$ 之间有互相冲突的证据，例如有两种可能的情形：

3*a*. 如果有进一步的证据（E_3、E_4……），人们会将其与 E_1 和 E_2 进行比较。如果 $E_3=E_3{}^+$，$E_4=E_4{}^+$，等等，那么，人们将得出结论说，必须拒绝 $E_2{}^-$，O 事实上发生了。

3*b*. 如果仅有的证据是 $E_1{}^+$ 和 $E_2{}^-$，那么，史学家必须确定，是 E_1 还是 E_2 给出了最"似真的"或者最"合理的"描述。史学家也许会被迫承认，不可能区分 E_1 和 E_2 的可信性，因此，就不能够在现存的原始材料的基础之上确立关于 O 的知识。

4. 可能 E_1 实际上与 E_2、E_3……并不冲突，但是可能 E_1 没有得到其他独立证据的支持。在这种情况下，E_1 与其他关于 O 的证据相比，将具有独一无二的地位。通常，接受 E_1 就将要求它与其他证据一致。缺乏这样的一致的证据，将使证据 E_1、E_2、E_3……的总体难以理解且不连贯。那么，人们就将得出必须拒斥 E_1 的结论来。

5. 然而，并不能自动地把缺乏补充的证据用作拒斥 E_1 的理由。

马克·布洛克使我们想到这一点(Bloch,1953,120 页):

> 不应当粗糙地处理检验证据的试剂。几乎所有的合理原则,几乎所有指导检验的经验,如果被推得足够远,都会按相反的原则或经验达到其极限。像任何自尊的逻辑一样,历史批判有其自身的矛盾,或者至少有其悖论。……对于一个被认作是可靠的证据来说,方法要求显示出它与相关证据的某种
> 132 一致性。然而,假若我们确实使用了这条规诫,那什么东西才会成为是发现的呢?因为说到发现也就是说到了惊奇和不同。一门科学仅限于陈述每件事情都按照预期而恒定地发生,这门科学几乎就不会是有益和使人产生乐趣的了。

举一个例子,存在这样的文献证据,即达·芬奇认真地关心过飞行原理,并且草拟过飞行机器的计划。这个证据与同时期的其他证据并不一致,因为达·芬奇显然是文艺复兴时期唯一讨论过飞行的可能性的人。然而,我们却把达·芬奇的草图当作可靠的原始材料,也就是作为表现他的天才而不是那个时代的一般情况的一项极富原创性的贡献来接受。

思考题

1. 什么是原始材料(source)、源物(source object)、源材料(source-material)、一手材料、二手材料、公开材料、私人材料、书面材料、非书面材料、可视原始材料?它们之间有怎样的关系?举例说明之。
2. 克奥和达尔对于原始材料分别是怎样分类的?两种分类法之间的关系如何?
3. 克奥分类法中的前五类原始材料各有什么特点?
4. 为什么确定了要研究的历史问题之后,要先从二手材料着手?如何确定一手材料的可靠性?

第十二章　源材料的评价

文本与作者—可译性—时代挪动—虚假引证—证据比对—哥白尼学说遭遇案例—道尔顿原子论案例—伽利略实验案例

对于一手的、出版了的资料的任何评价，都将牵涉到这个问题，即 133
我们是否真的能够把文本看成是作者所著；或者它表达作者自己的思想的可靠性如何。我们不能毫无疑问地假定科学出版物中的每一个词都是作者自己的。这可以有许多原因。例如，众所周知，长期以来在学术机构中有一种传统，根据该传统，教授、主任、首席医师以及类似高职位的人看起来是论文的作者，可实际上，那些论文却是较年轻的研究者们撰写的，并且是以他们的工作为基础写出来的。此外，还必须意识到这个事实，即出版了的原始材料在某种程度上，总是被出版机构过滤了的；例如，期刊编辑们也许修改了作者撰写的论文，有时改动还相当大，而且无须得到作者的同意。在较早的时代，无拘无束地修改提交的材料，往往是编辑的权利甚至责任。在这样的情况下，就不能把出版了的原始材料看作作者的确切观点的可信表达。今天，科学论文被审稿人批判和编辑，出版了的文本往往是原始手稿的第二稿或第三稿，因此就不是关于作者观点的详细信息的适当的原始材料。草稿和较早的未发表的手稿对于这个目的来说，倒是适合得多了。

当对那些以完全不同于自己的语言撰写的原始材料进行分析时，与移时史学和历时史学相关的问题就搁置起来了。表面上，努力目标

似乎是精确地翻译,即严格复制该原文的形式、内容和意义。更周密
134 地检视,就会认为这样的理想是无价值的,事实上它根本就不会导致被翻译。能够绝对准确地复制历史文本的唯一方式,就是按实际的全文复制原文。这就像是在说,可能做出的最精确的地图,就是本身与地形不能加以区分的,完全逼真的 1∶1 的地形复制品。这样的地图显然不会符合任何目的。翻译的理由就是把原始材料中的信息从过去转换成现在的,使它在当代的史境中能够得到理解。与照相复制品不同,实际的翻译会包含诠释和评价。“每一个好的译本都是对于原始文本的**诠释**”,正如波普所指出的那样。“我甚至要说,每一个重要文本的优秀翻译都必定是一次理论上的重建。”(Popper,1976,23 页)

科学史中的可译性问题与科学论的基本问题紧密联系着。这些问题尤其触及不同理论之间(例如亚里士多德物理学与牛顿物理学之间)的可译性,但它们并非本质上与科学史学家面临的那些问题不同。不同理论之间,例如库恩与波普的理论之间的不可译度,是现代科学理论中的争论点之一。① (Kuhn,1970*b*)

当然,确切性在翻译中是一个优点。但是,它本身不能是目的,而且它很可能有碍于人们正常地期望翻译要给读者带来的清晰性和信息。原始材料的翻译中不得不包含一些自由和诠释——并且因此还会导致时代挪动——的原因,是与历史进程的本质相联系的;这不仅仅是原始材料与史学家之间的进程,而且还包括了史学家对之讲话的当代公众。对史学家来说,把过去的原始材料理解为他本人的研究结果,以及他对于过去的通感洞察,这是不够的。他还必须能够把他的知识传达给那些并未对原始材料做过周密研究的公众。

---

① 现代科学论中的很多讨论都涉及理论间的可译度。库恩、奎因(Quine)和费耶阿本德(Feyerabend)声称科学理论有时根本就是不可译的,而波普则只以一种较弱的形式接受不可译性。关于文本的翻译,大多数科学论者,包括波普在内,都同意库恩的如下陈述:“简言之,翻译总是牵涉到改变沟通的妥协。译者必须决定怎样的改变才是可接受的。要这样做,他就需要知道保持原文的哪些方面是最重要的,还需要知道一些将会阅读他的著作的那些人先前的教育和经验。因此,并不令人惊奇的是,完美的翻译是什么、实际的翻译能够在多大程度上接近这个理想,到今天仍是一个深刻的、悬而未决的问题。”(Kuhn,1970*b*,268 页)

但是,这自然并不意味着翻译中的确切性和谨慎就是虚幻的优点。远非如此。在由原始材料和历史分析的史境形成的界限之内,尽可能可靠地复制原始文本是史学家明明白白的责任。这似乎是微不 135
足道的观点,几乎不值一提,但是事实却是,即使是在科学史的学术著作中,引自原始材料的话也常常被歪曲。(参见 Pearce Williams,1975)

不言而喻,复制原始材料的引文时,应当把引文与史学家的叙述清楚地划分开来,并且应当给引文附上所引文本的出处。此外,一个众所周知的事实是,引文可能会被误用,因为它们不可避免地脱离了原来的上下文。非常容易诱惑人的是,以引文尽管很准确却不代表原始材料的实际内容这样一种方式,去引用原始材料,可以毫不费力地用出自相同原始材料的引文来支持完全不同的结论。保证原始材料不被误述或者没有对原始材料做拙劣修补,这取决于史学家的诚实和他对于原始材料的全面理解。让我们来看一个例子。

1896 年,美国史学家安德鲁·怀特(Andrew White)撰写了一部关于科学与基督教的历史关系的冗长的学术著作,这部著作长期都是该领域的权威典籍。下面涉及的是加尔文派教徒对哥白尼学说的态度(White,1955,127 页):①

> 在路德主义如此谴责地球运动论的时候,新教教派的其他支派也没有落后。加尔文(Calvin)带头,在其《〈创世记〉解说》(*Commentary on Genesis*)中,谴责了所有那些断言地球不是宇宙中心的人。他照例通过引用第 93 诗篇的第一节最终肯定了这件事,并问道:“有谁会冒险把哥白尼的权威置于圣灵之上呢?”

在怀特之后,加尔文所谓的反哥白尼主义几个世代以来一直是科学史和思想史中的一个持久不变的内容;怀特所用的从加尔文那里引用的话也作为证据被人们多次使用,这些人中包括伯特兰·罗素(Bertrand Russell)、威尔·杜兰特(Will Durant)、克劳瑟(J. G. Crowther)以及

---

① 怀特并没有给出原始材料,以表示似乎是引自加尔文的那些话。

托马斯·库恩。然而,结果引文却是捏造的。罗森(Rosen)和胡伊卡斯已经证明加尔文的任何著作中都未提到过哥白尼,他们还论证说加尔文根本就不是一位反哥白尼主义者。(Hooykaas,1973,121 页;Rosen,1960)按胡伊卡斯的说法,把加尔文当作一个反科学的宗教狂
136 和基要主义者(fundamentalist)的观点总的看来是错的,没有任何文献证据支持这个观点。罗森提出,加尔文对于哥白尼世界图景的明显冷漠,仅仅是由于他从未听说过哥白尼这一事实。我们从来没有充分的理由肯定无疑地知道情况是否真是这样。加尔文没有提及哥白尼是一个否定性文献证据的例子,这样,它所具有的地位就与通常的肯定性证据的地位不同了。因此,尽管加尔文没有提到哥白尼或者其天文学体系,但是,他当然也可能已经知道关于它们的一些知识。不过,人们不得不同意罗森的说法,即如果加尔文实际上的确知道哥白尼体系的话,那么他的沉默至少就是令人费解的了。

加尔文的世界图景毫无疑问不是哥白尼的世界图景,但是也并不能由此合理地接着说他就是反哥白尼的。这个所谓的反哥白尼主义需要加尔文实际上对哥白尼理论做出了反应的肯定性文献。考虑到我们所知道的哥白尼对于欧洲的神学和智识生活渐渐具有的有争议的重要性,人们就总是喜欢把哥白尼的思想当作 16 世纪下半叶的某种宇宙学陈述。这显然就是怀特所干的。加尔文对第 93 诗篇所做的解说,事实上并不包括驳斥性地提及哥白尼。但是,怀特知道哥白尼体系在神学上是有争议的,于是他就以使这个解说遵从他的知识和期望这样一种方式去阅读它。

加尔文和哥白尼的例子表明,虚假的引证能够长期留存,并且能达到一般知识的地位。只有通过检查原始材料才能够纠正这样的错误;而且即使是那样,歪曲的评价和虚假的引证也能够留存下去,并且,在后来的很多年里都会引起错误的历史描述。

在涉及旧的专业术语以及在时间进程中意思已经改变了的术语的时候,原始材料翻译中的谨小慎微就显得特别重要。从语言学上讲,今天所用的一些主要表达方式与它们过去的一样,但其含义可能已经根本上变了,以至于在这样的情况下,直接的翻译的确就会使人

误解。它们可以是诸如“力”“流体”和“元素”之类的技术性术语，如果直接翻译而且没有注解的话，就常常会导致谬误；或者说它们是诸如“实验”“理论”和“科学”之类的较一般的表达，也是如此。

18 世纪，自然哲学家们认为电是一种“流体”。如果渴望给出精确 137
翻译的史学家现在不对“流体”这个词做出注解的话，那么，天真的读者也许就会认为，18 世纪的科学家们认为电是某种像水的液体。他们并非这样认为。当读者面对文本的时候，时代挪动就出现了。即使原文本身不可能是时代误置的话，但当它被后来几代人阅读时，常常也会被认为就是这样的。史学家的任务就是阻止这种情况的发生，而且，怀着这个期望的目标，他必须涉及当代的知识，讲读者的语言。他要讲什么语言，当然完全取决于他的受众。

“philosophy”（哲学）和“science”（科学）这两个英文词今天所具有的意思，不同于它们在 17 世纪的意思；也不同于中世纪晚期这两个词的意思。约翰·洛克(John Locke，1632—1704)所说的“不能使自然哲学成为科学”这句话[①]，（转引自 Ross，1962，68 页）应当怎样翻译，才能使现代读者可以理解其含义呢？一种可能性就是仅仅按照原状复制这句话。在这种情况下，就能避免冒损害文本的危险，但是另一方面，含义就会因此而被多数读者所误解。洛克认为不能使（自然）哲学成为科学吗？他真的反对使哲学成为科学吗？洛克对于“自然哲学”这个术语的使用，就揭示出这不是他所认为的，而且他也并非是按我们关于这个词的意义谈论哲学的。1700 年左右，这个术语被用来描述新科学所提供的自然知识，就像在牛顿的《自然哲学之数学原理》那里集中体现的那样。因此，可以把这个意思翻译为：

“不能使自然哲学[即牛顿物理学]成为科学”。

但是这种说法使人迷惑，尤其是在考虑到洛克特别热心于牛顿和新的经验科学时更是如此。洛克肯定认为牛顿物理学不是非科学的。为了把握这句话的真正含义，还不得不翻译“科学”这个词，因为它并不

---

① 原始材料是洛克的《人类理解论》(*Essay on Human Understanding*)。

是指我们所谓的科学。洛克是在较为古老的亚里士多德的意义上使
138 用这个词的,这里,“科学”相当于诸如逻辑学、数学、语法、天文学以及类似的非经验知识之类的学科。只是在这时,洛克的陈述才成为可理解的,然而,就难以以引文的方式复制它了。一种可能性就是把它写成:

“不能使自然哲学[即牛顿物理学]成为科学”。*

此处星号指的是关于“科学”的这种含义的注释。

翻译问题并非仅仅由那些在时间进程中改变了其意义的词所引起。它们也由那些有着一般意义却被某些科学家或者集体以一种完全不同的、特异的方式使用的词所引起。此外,它们也许还会由不再存在因此不能给予对于现代读者来说既精确又可理解的形式的那些技术词汇所引起。早期化学,特别是炼丹术,是这方面的典型例子。炼丹术的概念世界与我们的如此不同,它对语言的使用如此隐喻和神秘,以致几乎不可能给出合理的翻译。这些问题是炼丹术不可缺少的一部分,因为炼丹术士们希望他们的工作只能被接受传授者所理解。克罗斯兰(Crosland)写道(Crosland,1978,5 页):

能够诠释炼丹术符号体系的内行与普通民众之间的区别在不断加强,对于普通民众来说,炼丹术根本就是神秘的。那些没有受过指导的人可能会发现,除非能够完全诠释隐喻的细节,否则认识隐喻描述涉及的化学过程非常困难。

在炼丹术士故意神秘化的语言中,那些众所周知的词常常是在只有炼丹术界同人中接受传授者才知道的特殊意义上,而被使用的。例如,在炼丹术的文本中,“水”这个词很少指普通水,而可能是描述一般的流体物质,在某些情况下是描述特殊的流体。

在本章余下的部分里,我们将联系两个个案研究,更集中地说明正确使用原始材料的问题。

道尔顿原子论

139 科学史学家们长期以来一直在讨论约翰·道尔顿(John Dalton,

1766—1844)著名的原子论是怎样形成的这个问题,他们提出了几种——至少八种——不同的解释。当历史问题成问题时,通常是由于没有可获得的足够且充分可信的原始材料,在这些情况下,重建在很大程度上就不得不以推测为基础了。道尔顿理论的情况并非如此。在此个案中,史学家想要的大多数一手材料都是已知的,包括道尔顿本人的陈述。遗憾的是,1940 年对曼彻斯特(Manchester)的一次空袭中,道尔顿的多数仪器及许多书信和手稿都被烧毁了,而当时仍然存在着未被利用的原始材料。

尽管有丰富的原始材料和许多历史分析,但道尔顿原子论的历史解释一直是一个有待解决的难题,尤其是因为在可利用的原始材料方面缺乏彼此一致的意见。今天,也几乎不能说这个问题已经最终解决了。它很可能永远得不到解决。

哪些原始材料告诉我们道尔顿究竟是如何去考虑他的原子论的呢? 最为重要的原始材料如下:

(1) 道尔顿已经发表了的科学著作,特别是 1801—1805 年这个时期的。这些著作中没有给出任何关于该理论起源的直接信息。

(2) 道尔顿向威廉・亨利(William Henry,1774—1836)及其儿子威廉・查尔斯・亨利(William Charles Henry,1804—1892)所做的口述。亨利是道尔顿的同事和密友,他描述了他和道尔顿在 1830 年的交谈。交谈中,道尔顿说他受到里希特(J. B. Richter)化学当量表(1792)的启发,提出了他的化合物倍比定律。W. C. 亨利是道尔顿的学生,他在传记《约翰・道尔顿的生平与科学研究传略》(*Memoirs of the Life and Scientific Researches of John Dalton*,1854)中写道,道尔顿在 1824 年的一次演讲中给出了同样的解释,而亨利对那次演讲做了记录。

(3) 托马斯・汤姆森(Thomas Thomson,1773—1852)1804 年 8 月遇见了道尔顿,道尔顿告诉他,原子论的产生与道尔顿对气体(甲烷、乙烷)组成的研究有关联。汤姆森 1825 年报道了这件事,并于 1831 年在其《化学史》(*History of Chemistry*,1830—1831)中再次记述了这件事。

汤姆森非常了解道尔顿,他是一位受尊重的化学家和史学家,并且是道尔顿原子论的一位有影响的捍卫者。

140 (4) 1810 年,道尔顿为伦敦的皇家研究所作了一系列演讲。在道尔顿为其中一场演讲所写的便笺中,他清楚而又相当详细地叙述了他所做的导致他得出原子论的那些思考,即阅读牛顿以及思考气体粒子的不同大小和重量,使他得出了原子以倍比相结合的想法。1895 年,化学家 H. E. 罗斯科(H. E. Roscoe)和 A. 哈登(A. Harden)发现了注明的时间是 1810 年的道尔顿文献。在他们的著作《道尔顿原子论起源的新观点》(*A New View of the Origin of Dalton's Atomic Theory*,1896)中,他们对这些文献与其他新发现的道尔顿原始材料,一起做了分析。

(5) 道尔顿保存了与他的实验室工作有关联的笔记本。罗斯科和哈登也找到了这些 1802 年的笔记本。虽然它们没有包含关于原子论起源问题的明确答案,但是它们的确告诉我们,在这个关键时期,道尔顿所思考和从事的是什么事情,而且,它们还有助于把年代顺序弄清楚。

这些原始材料都有价值,但可靠程度却不同。例如,以原子论创立多年后的口述为基础的(2)和(3),显然不能被认为与(4)和(5)有着同样的可靠性。没有理由相信,汤姆森和亨利父子记述的,就不是他们认为是他们听道尔顿说出来的东西。但是我们也不能肯定,他们的(书面)陈述就准确地记录了道尔顿的(口头)陈述。此外,按照亨利父子的说法,这些口述是在道尔顿系统阐述原子论之后分别过了 20 年和 26 年才做出的,因此道尔顿的陈述很可能带有事后忘却和合理化的标记。

汤姆森的说法以证据(1)为基础,人们不得不拒斥它,因为它与具有更加原始、更加可靠的性质的材料不相容。道尔顿的笔记本显示,直到 1804 年,他才开始研究甲烷和乙烷,而他的原子量表(这被认为是原子论的直接表达)早在 1803 年开始的记录中就可以找到。但是 1804 年每一件事在他的记忆中都还清晰的时候,他为什么要向汤姆森
141 讲述一个不同的故事呢?可能道尔顿谈的是他新发现的关于这两个碳氢化合物组成的解决办法,而汤姆森后来把谈话合理化为关于原子

论的发现的谈话。(Thackray,1966,43 页)也许汤姆森误解了道尔顿的回答,或者道尔顿误解了汤姆森的问题……在汤姆森关于它的不同说法中,也可以看到他的叙述一般是不可信的。1831 年,他说(Thomson,1830—1831,卷 2,291 页):

> 道尔顿先生告诉我,在他研究成油气(olefiant gas)和碳化氢气(carburetted hydrogen gas)的时候,他第一次想到了原子论,……

然而,在 1825 年的一本书中,汤姆森写道(Thomson,1825,卷 1,10 页。这里转引自 Thackray,1966,52 页,强调标记是我加的):

> 我不知道他[道尔顿]什么时候首次有这些想法。很可能是他逐渐产生了这些想法,并且由于他的实验研究的缘故采用了这些想法……如果我没有记错的话,道尔顿先生的理论最初是从他的成油气和碳化氢气的实验中推出的。

这个谨慎叙述与 1831 年貌似可靠的叙述有很大的不同。此外,1850 年汤姆森又对道尔顿原子论做出了完全不同的叙述,此时他把该理论归因于他关于各种硝气组成的工作。

人们不能像拒斥汤姆森的说法那样有把握地拒斥亨利的说法。格拉克(Guerlac)后来又使这种说法复活,他认为,道尔顿在 1803 年就知道了里希特的当量表,而且知道这个表对于原子论来说是极端重要的。(Guerlac,1961)格拉克不能给出肯定性的文献证据——除了亨利的文献以外——以证明道尔顿知道里希特的工作,不过他认为实际情况**也许**就是这样。正如已经提到的那样,道尔顿本人的陈述,由于是亨利父子报道的,其本身并没有被赋予任何令人信服的价值,特别是由于它们与其他原始材料相矛盾。汤姆森 1845 年说过,他在 1804 年遇见道尔顿时,他们两人都不知道里希特的工作,而且,他——汤姆森正是后来把它告诉给道尔顿的那个人。严格地说,这个证据并不比亨利父子的更为可信,尽管它对亨利的说法严肃地表示怀疑。正如格里纳韦(Greenaway)所说,只有汤姆森的反证并不能使人得出结论说,“我们因此就能够驳回任何认为道尔顿的推测源自里希特的见解”。(Greenaway,1958,79 页)

当科学史问题不能根据一手材料中的肯定性证据来回答时,就不得不采用以合理性和似真性为基础的论据了。如果希望说明道尔顿1803年并不知道里希特的当量表,那就必须对一切有利于这种情况的
142 证据进行评价。除了已经提到的汤姆森的证据之外,存在的事实是,道尔顿从1802年至1803年开始的笔记中没有提到过他知道里希特的工作,这就是说,是否定性的证据。而直到1807年,里希特的名字才在道尔顿的笔记本中出现。今天,多数研究道尔顿的学者都同意,尽管道尔顿可能在1803年就已经知道里希特的表,但他也未必在笔记中提到它;而且,即使情况是这样,这种可能的知道在道尔顿原子论的创立中根本就没有起过任何作用。

1911年,梅尔德伦(A. N. Meldrum)提出,原子论源自道尔顿1805年发表的他所做的氧化氮("亚硝气")组成的实验。(Meldrum,1910—1911)没有直接的文献证据支持梅尔德伦的说法,它主要以道尔顿的笔记本和1805年的论文中的实验值为基础。梅尔德伦论证说,倍比定律是从对这些数字的凝思中自然产生的,他认为这些数字源于1803年8月(道尔顿的一些笔记未标明日期)。梅尔德伦说法对于道尔顿理论给出了一种似真的解释,它长久以来为人们所接受;部分地是因为,从现代化学的观点看,它似乎非常自然。

尽管它似真,然而,它并不能够毫无疑问地符合原始材料。它在年代顺序上有问题,并且,道尔顿1802年至1803年的笔记本也有问题。道尔顿的实验结果也有问题,其中一些结果可能不是以纯粹的实验为基础,而是借助原子论作了修改的。[①] 尤其是,梅尔德伦的说法不符合道尔顿本人1810年的说法。这种原始材料有多大的可靠性呢?伦纳德·纳什(Leonard Nash)对此作了如下合理的评价(Nash,1956,108页):

……不需要认为道尔顿的口述非常重要,他的笔述才更值得我们考虑。诚

---

① 这是帕廷顿(Partington)试图通过实验再现道尔顿发表的数据而未果所得出的结论。(Partington,1939,279页)

> 然，梅尔德伦似乎采取了这样的态度，即道尔顿关于该化学理论的起源，没有说过一丁点儿值得信任的话。但是，从我们所知道的道尔顿的品质来看，他存心设计这些陈述诓骗后人是难以想象的。这些陈述看起来是认真考虑了的叙述，而且道尔顿预定其陈述是要提交给皇家研究所的。它仅仅在该事件的7年之后就被草拟出来了；引证的混合气体的第一个理论(1801)和第二个理论(1805)的创立日期实际上是正确的；而且，没有理由假定道尔顿 143
> 的记忆衰退。很清楚，我们不能认为道尔顿的陈述确确实实很确切。但是像梅尔德伦那样完全贬低它……就走得太远了。

所以道尔顿1810年的叙述作为原始材料应当受到高度重视。罗斯科和哈登把它当作真相来接受。按照这两位作者，原子论是道尔顿应用假说—演绎思维的结果，而不是像汤姆森说法和后来的梅尔德伦说法中所说的那样，是实验基础上归纳推论的结果。虽然如此，也有理由拒斥道尔顿本人的叙述是确确实实的真相。其中有一句话是“我是在1805年有这个想法的”，道尔顿这里提到的是他关于气体混合物由大小不同的粒子组成的想法，人们认为原子论就是源于这个想法。但是这与1803年9月出现在道尔顿笔记本中的第一个原子量表不一致。正如罗斯科和哈登认为的那样，道尔顿关于1805年这个关键性的一年的详细叙述，可能是一个简单的错误。但是，实际情况几乎不可能是这样的，因为笔记本显示出，道尔顿关于气体混合物的想法在1803年9月的一年之后才首次出现。因此，罗斯科和哈登对道尔顿1810年的叙述的无条件接受，要再次被拒斥，因为这项原始材料与更可信的原始材料并不相符。注意又一次使用了似真论据：道尔顿**可能**错误地写下了1805年，而且他**可能**在1803年有了他的气体混合物理论，即使这在笔记本上并没有出现；然而这是非常令人难以置信的。

无论道尔顿原子论起源问题的答案会是什么，它都必须以原始材料为基础。围绕该问题产生的一些混淆，也许是由于这一事实，即人们一直在试图回答与历史现实实际上不一致的问题。这个问题就是“什么事件导致了原子论”。也许有许多事件被牵涉到，而且延续了很长的时期；也许把原子论的起源描述为一个演化过程而非一个突然事件，要更好一些。“在某种意义上,"阿诺德·萨克里(Arnold Thackray)写道,"道尔顿理论没有起源,更确切地说,它是某种继承下来、逐渐明晰、在回答他关于气体的工作中产生的问题时才定型的东西。"(Thackray,1966,51 页)[1]

144

伽利略实验

关于伽利略的研究是一个已经产出数以百计的书籍和数以千计的论文的领域。经过一定的时间,对伽利略的一般评价经历了许多变化,这部分地反映出人们希望把伽利略纳入种种盛行的科学论之中。几乎不管是什么科学观,如果使用适当的引文,使伽利略看起来似乎就是那种特定的科学观的阐述者,这并不太难。下面我们将只看一看伽利略研究的某些部分;这不是为了了解伽利略的研究方法实际上是什么,而是为了说明与原始材料的批判有关的一些观点。[2]

长期以来,人们一直想把伽利略的成功视为现代经验主义者的、反权威主义进路的,特别是新实验方法的结果,把伽利略看成是精华版的培根。这一直是 300 年来的流行观点,在这种观点中,"伽利略方法"一直与"经验—归纳法"同义使用。在《对话》(*Dialogo*,1632)[3]中,伽利略以对话的形式讨论了如果让一个物体从运动着的船的桅杆上下落,将会发生的事情。辛普利乔(Simplicio,亚里士多德主义的拥护者)坚持认为,物体将会撞到桅杆后面的甲板上,而萨尔瓦埃蒂(Salviati),这位辛普利乔的辩论对手和伽利略的知己,则坚持认为物体将会落在桅杆的脚下。讨论时,辛普利乔问萨尔瓦埃蒂是否曾经做过这个实验,萨尔瓦埃蒂则承认他没有做过。"怎么回事?你没有一百次检验,也没有其中的一次检验,你就这么轻易地断言它是真的

① 亦见 Thackray(1972)。此处包括对"不断期望根据关键事件和决定性的突变解释道尔顿的工作"的批判。(40 页)

② 除了下面提到的书名外,还可见例如 Shea(1972)和 Drake(1970)。

③ 这里指《关于两大世界体系的对话》(*Dialogue Concerning the Two Chief World Systems*)。——译者

吗?"辛普利乔问道。当萨尔瓦埃蒂回答说不管实验他必定是对的时，在这位伽利略的经验主义者化身看来，现在情况似乎就令人尴尬了。按照斯蒂尔曼·德雷克(Stillman Drake)译自拉丁原文的精确译文，萨尔瓦埃蒂回答说(Galilei，1963，145 页)：

> 没有实验，我也能肯定结果将会像我告诉你的那样发生，因为它必定会按……那种方式发生。

《对话》1661 年译成英文时，在受到培根经验主义强烈影响的英格兰，这个自负的先验主义的回答也太令人困窘了。想想看，在所有人中，偏偏是伽利略否认实验的决定性价值！萨尔瓦埃蒂的回答被缓和为[①]

> 我能肯定结果将会像我告诉你的那样发生；因为必然会如此的是它应 145
> 当……

正像一个现代的、用得很多的《交谈》(*Discorsi*)[②]译本中那样，伽利略的"经验化"很明显，在这个译本中伽利略说，他对运动进行研究时，已经"通过实验发现了它的一些值得了解，并且迄今既没有被观察到也没有被证明过的性质"。(Galilei，1914，153 页)因此在这里，伽利略就直接引起了对其力学的实验基础的注意。唉，然而"通过实验"这两个中心词原来在原始文本中压根儿就没有出现过！无论是有意还是无意，它们已经被译者插进去了，而且因此而完全歪曲了可以从关于伽利略方法的引文中获得的信息。这条遭到歪曲的引文常常被用作伽利略走向科学的现代进路的论据；实际上雷蒙德·西格(Raymond Seeger)就是在这样做，他试图猛烈地驳斥关于伽利略的现代先验主义观点。(Seeger，1965，689 页)

这样，伽利略就使公众注意到他(萨尔瓦埃蒂)从来没有做过船桅

---

① 托马斯·索尔兹伯里(Thomas Salusbury)1661 年的译本，参见 Cohen(1977，340 页)。

② 即《关于两门新科学的交谈和数学证明》(*Discourses and Mathematical Demonstrations Concerning Two New Sciences*)。一般将此书书名简译为《两大新科学的对话》，以区别于前面提到的同一作者的《关于两大世界体系的对话》。为使汉译文与原文分别对应，这里将 *Discorsi* 译为《交谈》，将 *Dialogo* 译为《对话》。——译者

杆的实验,而且还认为这是多余的这个事实。这种推理符合许多现代科学史学家所持有的对于伽利略的看法:作为先验的、工作着的理论家,伽利略受到了柏拉图、毕达哥拉斯(Pythagoras)和阿基米德思想的极大影响,他至多也只是为了阐明那些已经得到的结果才用实验。这个重新评价特别归功于柯瓦雷的重要著作,尤其是他的《伽利略研究》(*Études Galiléennes*,1939),一部关于伽利略的现代研究的经典。[亦见柯瓦雷的文集(Koyré,1968)]按照柯瓦雷的看法,阿基米德是伽利略的重要方法论榜样。柯瓦雷论证说:"思想,纯粹不掺杂的思想,而不是经验或者知觉,才给伽利略·伽利莱的'新科学'提供了基础。"[①](Koyré,1968,13 页)不像直接经验,实验在科学革命期间公认起了重要、积极的作用,不过柯瓦雷强调说,这只是在它们从属于理论的范围内而言的。

"伽利略实际上并没有做这个实验,"提起著名的比萨(Pisa)斜塔故事,迪克斯特休斯写道,"一般,人们总是不得不有保留地对待关于伽利略以及他的对手们所做的实验的故事。通常,他们只是在精神上做的,或者仅仅描述为可能性。"(Dijksterhuis,1961,336 页)霍尔按照柯瓦雷建立起来的传统,重复了这种判断:"伽利略的许多实验(或者
146 更准确地说,对经验的诉求)都是修辞性的;它们并不是对那些以一种精确的方式使之发生的事件的报道。"(Hall,1963,34 页)另一位力学史研究专家特鲁斯德尔指出,"伽利略基本上是一位新柏拉图唯心主义者,而不是经验主义者"。(Truesdell,1968,307 页)

现在必须接受伽利略是一位"新柏拉图唯心主义者"吗?不完全。关于船桅杆实验,似乎萨尔瓦埃蒂的陈述实际上并不包括伽利略的行为。1624 年,伽利略在给教皇出版社(the Papal Printing Press)秘书弗朗西斯科·英戈利(Francesco Ingoli)的信中写道(转引自 Drake,1978,294 页):

---

① 柯瓦雷的反经验主义科学革命观植根于哲学和历史的思考。他确信"柏拉图方法"并非碰巧就是伽利略和牛顿的方法,它构成了现代科学的真正本质:"我的确认为,科学主要是理论而不是搜集'事实'"。(Koyré,1968,18 页)

> 我比其他哲学家们要好上一倍,因为他们在说到与结果相反的事情时,还加上了他们通过实验已经看到这个结果的谎言;而且,我已经做了实验——此前,物理的推理已经使我相信,结果必定会像实际情况那样。

必须把这个原始材料看作是伽利略做过他1632年明明白白地说他没做过的那些实验的可信证据。① 尽管事实是伽利略事先就确信这个实验的结果,但是它也并非仅仅是思想实验。因此,这封给英戈利的信就弱化了对伽利略的柏拉图诠释。

在伽利略对于抛射体运动的研究中,可以发现类似的情况,其中,伽利略论证说,抛射体的轨迹是抛物线状的。伽利略在《交谈》中提出了他的论据,这里他把它描述为以纯粹的思想实验为基础。“我在精神上设想某个可移动的东西在水平面上被投射出去,……”他说。伽利略的发现因此就是非实验性的吗?假若他做了真正的实验,那么,人们就会期望他提到它们并且指出它们不是假说性的。然而,德雷克发掘了一些迄今尚未发表的笔记,伽利略在笔记中记录了球体在斜面上的仔细实验。(Drake and MacLachlan,1975)这些注明年代为1608年的笔记,在德雷克看来,证明了伽利略从实验认识到,球体离开平面以后沿抛物线在空中运动。这些实验既不是思想实验也不是粗略的溯因演示实验;它们是定量的,而且也做得很仔细。德雷克和麦克拉克伦(MacLachlan)的评论如下(Drake and MacLachlan,1975,110页):

> ……很清楚,伽利略是在把他30年前亲眼认真观察到的东西描述为一个精
> 神概念。最初的科学史学家们匆匆下结论说,那就是他做的。新近的科学 147
> 史学家们则挑他们前辈的刺儿,反过来匆匆下结论说,伽利略是根据纯数学
> 而不是经验证据来工作的;他们说,对于理想的柏拉图形式的信念,而不是
> 对于物理细节的关注,开辟了通向现代科学之路。关于伽利略,较早的史学
> 家们更接近于真理。

---

① 根据迪克斯特休斯(Dijksterhuis,1961,353页),萨尔瓦埃蒂的回答是对“伽利略是一位伟大的实验倡导者这个神话”的一击。迪克斯特休斯提到了那封给英戈利的信,但是显然,他并没有发现它是值得相信的。

另一个常常公开的反对伽利略斜面实验可靠性的论据如下:用当时可利用的技术(原始钟表)达到的实验精确度不可能允许伽利略引出结论;因此,这些实验在运动学定律的发现中没有任何意义。(Hall,1963,34 页;亦见 Koyré,1968,94 页)然而,只有假设伽利略的测量技巧可与后来描述的那些斜面实验的测量技术相比,这个异议才有效。根据德雷克的重建,情况并非如此。(Drake,1975)伽利略使用了一种基于他的音乐理论知识的巧妙方法,用这种方法,能够达到惊人的高水平的实验精确度。因此,依据德雷克,伽利略的精确数据并不是基于理论的操作的结果,而是原创和简单得超出了史学家们的想象的实验技巧的结果。另一方面,实验重建并没有产生不含糊的答案,而且不能说已经明确地解决了这个问题。[①] 在第十四章,我们将回到这些与实验重建有关的问题上来。

在伽利略的所有实验当中,最著名的无疑就是据说伽利略从比萨斜塔上做的自由落体实验了。伽利略真的做了这个实验,还是像许多史学家所认为的那样,这不过是“一个文学传奇故事”,一个神话?(Truesdell,1968,307 页)显然,作为一个经验主义的宣传,这个据称的实验起到了重要的神话作用。但是如果这个事件发生了,那它本身就不是神话了。在伽利略的著作中,从《论运动》(*de motu*,1591)到《交谈》(1638),有数处提到他从塔上做过的自由落体实验,这些实验的结果与亚里士多德的观点相冲突。但是,在比萨塔上所做实验的直接证据,只能在 V. 维维阿尼(V. Viviani,1622—1703)所写的第一部

① 罗纳德·内勒(Ronald Naylor)认真地重复了伽利略报道的实验,但是不能确证伽利略的结果。他于是得出结论说,伽利略用斜面实验很可能没有得到其结果。(Naylor,1974)另一位伽利略学者谢伊(Shea)对不断进行中的讨论概括如下:“柯瓦雷得出结论说,这样的实验[足够精确地计时的斜面上的球体实验]非实验技艺所及,而且,由于塞特尔(Settle)表明伽利略可能做过斜面实验,因此德雷克就得出结论说,他实际上得到了塞特尔的结果。但是肯定,如果塞特尔的实验如实地复制了伽利略的实验,我们对此最多也只能断言,伽利略能够获得同样的结果,而不能断言他必定做了。”(Shea,1977,85 页)现在,史学家并没有资格得出结论说,就因为某个实验能够重复,它实际上就被做过(亦见第十四章)。但是,他也不能下结论说,诸如内勒所论证的那些一般的不一致,就证明该实验并没有像所报道的那样发生过。这就是谢伊所做的。

伽利略传记中找到。维维阿尼是伽利略晚年时的助手，在这部传记中，他回忆了他和伽利略的谈话，谈话中伽利略说到了他在比萨的实验。根据维维阿尼，伽利略论证说（转引自 Drake，1978，19 页）：

> ……通过经验以及稳妥的演示和论证……结果重量不同并在同样的介质中 148
> 运动的同样的材料，其速度根本就不是亚里士多德说的那样与其重量成比例，这些材料全都以相同的速度运动，通过其他教授和他们的所有学生全都在场时从比萨斜塔塔顶反复做的这个实验，他对此做了说明。

当然，与汤姆森和亨利对道尔顿的回忆相比，也有理由怀疑此叙述的可信性。伽利略告诉维维阿尼比萨事件（如果他做过）时，已是它发生（如果它发生过）之后的 50 年了。伽利略为什么不亲自描述这个实验呢？如果它发生时有许多教授和学生在场，那为什么没有一个人对此发表评论呢？

另一方面，维维阿尼描述的实验与伽利略在《论运动》中的结果一致，在《论运动》中，仅仅认为关于速度不依赖于重量的规律适用于相同材料的物体；只是后来，伽利略才认识到速度也不依赖于材料的种类。如果维维阿尼的目的是要赞美伽利略，或者如果伽利略上年纪了把他年轻时期的这件事合理化，那么，人们就会期待着这样一个叙述，即实验表明，所有物体都有着相同的速度，而无论其重量和类型如何。此外，我们知道，大约在同时，出于同样目的，其他人也做过比萨类型的自由落体实验。例如，最晚在 1586 年（即在伽利略之前），斯蒂文（Stevin）和德·格罗特（De Groot）在荷兰用不同重量的铅球，从 10 米的高度，做了自由落体实验。这也许是自然的——它与那个时代的精神以及伽利略的个性相协调——如果他在比萨做过那个实验的话。

赞成与反对（Pro et contra）。我们不知道伽利略做过比萨实验；但是我们也不知道他没有做过。把它作为没有历史现实的神话而拒绝考虑，只能以猜测为基础。与迪克斯特休斯、霍尔、特鲁斯德尔等人不同，德雷克认为伽利略的确在比萨做过那个实验，而且维维阿尼的

叙述也应当是可信的。[①] (Cooper,1935,20 页,415 页)

如果仍然要把比萨实验的故事描述为一个神话,这是因为这件事一直被歪曲了;它一直以这个资格,在实现它对于经验主义科学观的合法化的功能,在教科书和大众化的描写中尤为典型。神话版比萨事
149 件的一个典型例子,应当归于著名的英国物理学家奥利弗·洛奇(Oliver Lodge,1851—1940)。在一本注明年代为 1893 年的书中,他写道(Lodge,1960,90 页):

> 喏,一天早上,在人群聚集的大学前,他登上了那个著名的斜塔,随身带着一枚 100 磅的铅球和一枚 1 磅的铅球。他将它们放在塔的边缘保持平衡,然后让它们同时下落。它们同时落下来,并同时撞到地面上。这两件重物的同步铿锵声敲响了旧哲学体系的丧钟,并且宣告了新哲学体系的诞生。但是,这种变化令人意外吗?他的对手们信服吗?一点也没有。尽管他们亲眼所见,亲耳所闻,天空的强烈光线正照耀着他们,可是他们却咕哝着回去,向他们那发霉的古老书卷和他们的阁楼表达着不满,在阁楼上捏造神秘的理由,拒斥观察的确当性,将其归诸某种未知的干扰原因……然而,他们都受到了震惊:就如同淡淡的海风拂面,又被水花溅了一脸,把他们从舒适的昏睡中唤醒了。他们感觉到了新时代的临近。是的,这是一场震惊;他们怨恨年轻的伽利略给他们以震惊——带着对那些为迷惘和垂死的目标奋斗的人们的愠怒的敌意而怨恨他。

当然,洛奇的富于想象的叙述事实上并没有任何根据。伽利略在比萨做的实验是一个仅仅表明伽利略已经知道了的定量演示实验;斯蒂文和德·格罗特更早的实验不是判决性实验,伽利略的实验也不是。

对伽利略的方法以及该实验在其科学中的作用的争论将会继续。这是一个不能仅仅通过分析原始材料就可确定,而且似乎也没有任何最终答案的问题。但是,长期的学术争论似乎至少已经确认,伽利略既不是一位经验—归纳科学的鼓吹者,也并非一位暧昧的假说—演绎

---

① 但是亦见库珀(Cooper)的经典著作(Cooper,1935),该书提供了对包括维维阿尼的叙述在内的原始材料的详尽的考察。库珀得出结论说,伽利略在比萨教书时并没有做那个据称的实验。

思想家；这位伟大的意大利人偶像并没有任何历史现实的基础，而是后来的时代的科学理想的结果。此外，多数伽利略研究都假定，伽利略有一个清楚明确的方法论，并且按照它来工作；并且假定他对于实验作用的态度是不含糊的和一致的。正如在其他情况中一样，这种假定的基础并不牢固，而且在某种程度上，它似乎是以一致性神话为基础的（参见第九章）。伽利略方法不够清晰，这无疑应归因于伽利略就不清楚这一事实。史学家们必将接受这个事实。（参见 Segre，1980）

思考题

1. 是否可以把文本看成是作者所著？为什么？
2. 怀特关于加尔文教派对哥白尼学说的态度的研究，说明了什么史学问题？
3. 克奥关于道尔顿原子论起源以及伽利略的有关实验这两个历史个案的分析，各说明了什么道理？

第十三章　科学家们陈述的历史

用怀疑态度批判对待科学家们的历史陈述—霍尔顿关于爱因斯坦相对论与迈克尔逊实验关系的研究案例—迪昂关于安培电磁学实验的研究案例—伍尔加关于脉冲星研究史的研究案例

150 我们已经看到，正如牵涉到道尔顿和伽利略的例子所表明的一样，科学家们自己的陈述实在不能不经进一步审查就作为真相而接受。应该用怀疑态度批判性地评价和对待这样的陈述。原则上这适用于一切证据，甚至最原始和直接的材料，比如日记、私人笔记、口头陈述和实验室记录。我们永远都不能绝对地肯定，在获得某项发现的中途写日记的科学家，果真就是按他所描述的方式思考和行动的。然而，总是有可能对原始材料的可靠性提出疑问这一事实，是一个纯粹的否定推论。实际上，史学家不得不把一些材料作为值得信赖的材料来接受，并且在这么做时为其辩护；就是说，如果没有与正在谈论的材料中给出的信息相矛盾的其他材料，而且不存在合情合理的理由怀疑其可靠性的话，那么，该证据就必须作为可靠的证据来接受。起码，直到任何影响这种状况的事件发生为止，这些材料仍能成为检验其他材料具有可靠性的历史知识储备中的一部分。

本章我们将讨论那些本身就参加研究工作的科学家们所写的有助于弄清该项研究工作的材料的价值和可靠性。由早期的例子（比如道尔顿）已经明显看出，当真相归结为科学家本人的活动时，他并非总是在证明真相。一般的健忘以及按照后来的发展事后合理化的倾向，在对多年前发生的事件的回溯性叙述中，自然会起作用。科学家也可以有理由把他的活动描述得不同于它们的实际情况。例如，涉及优先权之争时，他或许有意无意地过高评价他自己的贡献，改变日期，或者 151
用某种其他方式隐瞒真实情况，而他也许希望真实情况是另外一种样子。找到上面提到的这些类型的不可靠的例子并不难。如果确立了不可靠性，那是因为该陈述不能与其他被文献考证了的事情相一致，或者是因为同一位科学家对同一件事情给出了相冲突的叙述。道尔顿对于原子论起源的叙述，就给我们提供了一个例子。

让我们看看另一个特别是已经被杰拉尔德·霍尔顿透彻研究过的例子。(Holton，1969*a*；1969*b*)1887 年，美国物理学家阿尔伯特·迈克尔逊(Albert Michelson)为了测量地球相对于宇宙以太的速度，做了一个著名的实验。迈克尔逊实验后来通过相对论得到了解释，并且传统上被认为是爱因斯坦理论建立的实验先决条件。现在的历史问题是，实验是把爱因斯坦引至 1905 年的相对论呢，还是像教科书的说法所说的，以其他方式在爱因斯坦的发现史境中起了重要作用。自然，爱因斯坦本人的陈述构成了回答这个问题的最直接的证据。

我们将只考虑爱因斯坦关于这个问题的一些回顾性声明，而不考虑从他的科学工作和 1900—1905 年的一般思想中引出的较间接的证据。爱因斯坦有几次机会谈他对于这个问题所想到的东西。[①] 1931 年，他在美国帕萨迪纳(Pasadena)的一次会议上作了演讲，当时有许多美国物理学家和天文学家在场，包括 79 岁的贵宾迈克尔逊，那是他第一次也是最后一次见到他。在这个场合，爱因斯坦显然把为相对论提供实验基础归功于迈克尔逊。按照伯纳德·贾菲(Bernard Jaffe)对这次演讲的报道，爱因斯坦说(Jaffe，1960，167 页；贾菲的话引自 *Science*，73，1931，375 页)：

---

① 最早的证据包括在心理学家马克斯·沃特海默(Max Wertheimer)与爱因斯坦在 1916 年及后来的对话中，见 Wertheimer(1959，213—233 页)。就涉及的迈克尔逊实验的作用而言，沃特海默的叙述与霍尔顿的结论是一致的。

> 您,我尊敬的迈克尔逊博士,当我还是一个几乎只有三英尺高的孩童时,就开始了这项工作。正是您,把物理学家们带到新的小径上,并且通过您那绝妙的实验工作为相对论的发展铺平了道路。您揭示了光的以太理论那时所存在的隐伏的缺点,并且激发了罗伦茨(H. A. Lorentz)和菲茨·杰拉尔德(Fitz Gerald)的思想,狭义相对论由之发展起来。没有您的工作,这个理论今天就不过是一个有趣的推测而已。

152 这些话毫无疑问地表明,被认为是爱因斯坦的这些话,是人人皆知的可靠的确证:迈克尔逊的实验为相对论的创立提供了基础。这也是贾菲诠释的情况:"就在迈克尔逊去世之前的 1931 年,爱因斯坦公开把他的理论归因于迈克尔逊的实验。"(Jaffe,1960,101 页)应当提到与 1931 年的证据和贾菲的结论有关的三个史学兴趣点。

(1) 贾菲的结论是对那个演讲作的相当自由的诠释,因为爱因斯坦根本就没有用那种方式表述自己的想法。爱因斯坦没有说相对论的根源在于迈克尔逊实验。如果这是爱因斯坦希望所说的,那么,他为什么不用直截了当的语言说呢?

(2) 对演讲的诠释是以看起来像是断章取义的引证和至少是含糊其辞的使用原始材料为基础的。因为贾菲省略了这个上下文中一句重要的话,而实际上却没有指出对它的删节。在爱因斯坦演讲的原始手稿中(英译文),他说迈克尔逊(转引自 Holton,1969*b*,175 页)

> 揭示了光的以太理论那时所存在的隐伏的缺点,并且激发了罗伦茨和菲茨·杰拉尔德的思想,狭义相对论由之发展起来。这些又转而带上了去广义相对论和引力理论的大路。没有您的工作,这个理论……

因此,"这个理论"并非可以根据贾菲的说法所认为的那样指的是狭义相对论,而是后来的广义相对论(1915),因此,它使贾菲的诠释更加含糊其辞。

(3) 然而,爱因斯坦赞扬迈克尔逊的工作,并且以至少表明可能存在着贾菲和标准说法宣称存在的那种遗传联系的口吻,引起人们对于他对相对论的意义的注意。爱因斯坦没有明显地拥立迈克尔逊实验为狭义相对论的实验基础的原因,在于爱因斯坦知道并不存在遗传联系。但在那种情况下，为什么爱因斯坦不清楚地使人们注意这一点，而是作了那样一个几乎可以使人曲解的演讲呢？必须记住，这个演讲是在特殊的社会境况中对特殊的受众所做的。假若把文本当成孤立体系，就不能正确分析这些文本，这是原始材料批判中的一条重要宗旨。文本总是针对公众的，而且在某种程度上，文本将反映这些 153
公众的希望或者他们的预期反应。在这个关于爱因斯坦的例子中，演讲周围的气氛显然是经验主义的；爱因斯坦与迈克尔逊之间的（神话）联系，已经在爱因斯坦演讲之前，被米利肯（Millikan）和迈克尔逊在他们的演讲中指出来了。正如霍尔顿所写的，“这种场所和这些期待完全是为爱因斯坦的回应安排的”。鉴于这些期望和集会的整体气氛，爱因斯坦几乎就不能利用这个机会，公开地摧毁老迈克尔逊的名望寄托于其上的这个神话。

然而，多年以后，爱因斯坦澄清了，迈克尔逊的实验在相对论的发现中几乎没起什么作用。向克兰（R. Shankland）对爱因斯坦作了一系列访谈，访谈中提到了这个问题。根据 1950 年的交谈，向克兰报道说（Shankland，1963，47 页）：

> 当我问他是怎样知道迈克尔逊-莫雷实验的时候，他告诉我他是通过罗伦茨的作品知道的，不过只是 1905 年以后才引起了他的注意！

1952 年的交谈又提到（Shankland，1963，55 页）：

> 爱因斯坦说在 1905 年至 1909 年间，在他同罗伦茨等人按广义相对论的想法进行的讨论中，就迈克尔逊的结果想了很多。当时他认识到（所以他告诉我），1905 年之前他就已经知道了迈克尔逊的结果，这部分是通过阅读罗伦茨的论文，更多的则是因为他已简单地假定迈克尔逊的这个结果是真的。

最后，在 1954 年的一封信中，爱因斯坦写道（转引自 Holton，1969*b*，175 页）：

> 在我本人的发展中，迈克尔逊的结果并没有重要影响，我甚至不记得在我写关于这个问题的第一篇论文时（1905）是否知道它。解释就是，出于一般原因，我坚信不存在绝对运动，而且我的问题只是这一点怎样才能符合我们的

> 电动力学知识。因此就可以理解,为什么在我的个人奋斗中,迈克尔逊实验没有起什么作用,至少没有起决定性的作用。

从这些陈述引出的结论似乎是,迈克尔逊实验对爱因斯坦没有起决定
154 性的作用。必须承认,应当批判性地评价那些涉及40—50年前发生的事件的陈述,比如爱因斯坦的这些陈述。事实上,我们有理由相信,爱因斯坦宣称他在1905年以前不知道迈克尔逊的实验,这是错的。在1922年作的一次演说中,爱因斯坦说(Einstein,1982,46页):[①]

> 当我还……在学生时代,我就知道了迈克尔逊的奇妙结果。不久,我就有了我们关于地球相对于以太运动的想法不正确的结论,如果我们承认迈克尔逊的零结果是一个事实的话。这就是把我引向狭义相对论的第一条小径。

我们又一次认识到,科学家本人的陈述作为一个整体也许是使人迷惑的和不一致的。仅仅依靠爱因斯坦本人的话,似乎不可能得到清楚的答案。

我们现在将转入另一个例子。法国物理学家安德烈·马里·安培(André Marie Ampère,1775—1836)是电动力学的奠基者之一。他的主要著作于1827年出版,书名是《电动力学现象的数学理论》(*Mémoire sur la théorie mathématique des phénomenes électrodynamiques*)。在这部著作中,安培把他的理论描述为完全是从实验推演出来的,给该书冠上的副书名为“完全从经验推演的……”(…*uniquement déduite de l'expériene*)。安培强调他的经验—归纳法及其与伟大的牛顿所确立的自然哲学的归纳主义规则的相似性(转引自Duhem,1974,196页):

> 为了确立这些现象的规律我只考虑经验,而且我已经从这些现象推演出唯一能够描述这些现象归因于那些力的公式;我没有研究归因于这些力本身的原因,完全确信任何这类研究都应当仅以关于规律和测定的经验知识为先导,由这些规律推演出这种基本力的值。

然而,对安培著作的批判性阅读显示,这种方法并不是他的(全部)理

---

① 石原纯(J. Ishiwara)翻译了记录,他出席听取了1922年12月14日爱因斯坦在京都大学用德语发表的演讲。

论结果的基础。对安培来说，经验主义方法是一种理想和方法论信条，而不是他的真正实践。安培希望他的公众把《数学理论》当作是以高度公认的牛顿方法为基础的，而且也许他本人就确信他遵循了这种方法。但是，正如迪昂指出的，安培的数据与他所指的那种归纳结论完全不相称；安培描述的许多实验都不精确，而且缺乏必要的细节。 155
按照迪昂的看法，安培的真正实践与他对它的描述截然不同（转引自 Duhem，1974，196 页）：

> 他[安培]的电动力学基本公式完全是由一种悟性找到的，……他的实验是他作为事后的想法想出来的，而且是有目的地结合起来的，以便他能够按照牛顿方法阐述一个他根据一系列假定建构出来的理论……安培的电动力学理论完全是从实验推演出来的，情况远不是这样，实验在它的公式化中只起了非常微弱的作用。

记住伽利略所描述的实验作为纯粹的假设，在很大程度上没有得到合法性辩护而不被人们考虑，人们应当谨慎地得出结论，安培并没有做他所提到的实验。然而，在这种情况下，是没有疑问的。安培自己承认，尽管是在他的工作的末尾，而且几乎顺便地就可以做，但是，他所提到的一些实验却没有做。“我想我应当在这部论著的末尾提到，我还没有时间去造第一幅图版的图 4 和第二幅图版的图 20 中描述的仪器。这些打算要做的实验还没有做。”（转引自 Duhem，1974，198 页）安培对这些实验的结果显然有信心，非常确信实际上做不做这些实验都没有多大关系。

即使安培的文本作为他的真正的方法的表述不可信，不过，这却是他所想的以及他想要他的同行将其与该工作联系起来的东西的可靠表达。在另一些情形下，科学家的陈述不可信，是因为他们所表达的思想要么不是自己的，要么就是在其他场合表达得不同。科学发展中的活跃元素是公开表达的思想和行为。无论科学家的思想是否就是他所写的，那些公开表达的思想在科学史中将有其自身的生命。然而，如果想确定科学家实际所想的东西，以及他可能表达了不同见解的原因,有时候就得推敲那些公开表达的陈述。正像其他人一样,科学家们可以有许多原因所说并非所想。他们的真实见解或许在政治上不被接受,或许与一般道德相抵触,或许与流行的科学观点有令人
156 困惑的不一致性。在这样一些情况下,科学家将倾向于修改他的观点,使自己适应他的经历和洞察力归根到底依赖于其认可的那个体系。

例如,众所周知,哥白尼的《运行论》(*de revolutionibus*)[①]是按照教会的观点用一只眼睛写就的,在最终版本中带有路德宗神学家安德烈亚斯·奥斯安德(Andreas Osiander,1498—1552)尽力使该书无害的痕迹。奥斯安德为哥白尼的著作提供了一篇匿名前言,其中把该理论描述为一个纯粹的假说,并不是新宇宙学的实际候选者。奥斯安德的臭名昭著的前言与哥白尼所想的并不一致,但是乍看起来好像它就是哥白尼写的似的。

就涉及的原始材料而言,在某些领域,当代科学的历史不同于其他种类的科学史。不像所有其他的史学家,研究当代社会的史学家不必把自己限制在寻找和重新诠释既存的原始材料上。他可以通过安排访谈、问卷等,创造他自己的原始材料。这个事实引起了在过去历史中不存在的某些可能性。但是,这些可能性当然并没有给关于当今科学的历史提供一把万能的钥匙。毕竟,访谈和问卷仅仅给出那些史学家认为有趣因此想问的问题的答案;史学家对局面的控制也许会导致对原始材料的篡改。

但是,就涉及的原始材料而言,如果研究当代科学的史学家有一些独一无二的可能材料的话,那么,与传统的史料相比也存在一些不利之处。正如我们始终强调的,非公开的一手材料具有特殊的价值,是因为它们的直接性和可靠性。在现代科学共同体中,信件、日记、非正式笔记等用得越来越少,而且很少保留。科学家们之间的非正式接触,日益以不在史学家能够用作源材料的那些接触的背后留下任何永

① 即《天体运行论》(*De revolutionibus orbium coelestium*)。——译者

久书面记录的方式，经常发生在电话里或者使随便的交流成为可能的那些数不清的会议上的交谈中。

一直在从事着的当今科学史研究并非与社会学研究联系最少。伍尔加(S. W. Woolgar)曾研究过脉冲星的发现，在这样的研究中对方法论问题给出了一个启发性的说明。[①] (Woolgar,1976)像其他历史 157
研究一样，史学家(或社会学家)首先将试图做出一个所发生的事件的年表，或者如伍尔加所说的“工作清单”。在这个最初阶段，史学家特别依赖专家们讨论的发现方面的综述文章和宽泛的描述。他将选择那些他相信是已发表的原始材料的有代表性的部分，并将特别重视(1)主动牵涉进该项发现的科学家所写的文章，(2)与该项发现的时间接近的某个时间所写的文章，以及(3)提供了详细说明的文章。不过，通常史学家会发现这些原始材料并没有给出吻合的信息，因此不能直接告诉我们“实际发生了什么”。伍尔加的脉冲星发现的史学经验具有一般的适用性。他写道(Woolgar,1976,400 页)：

> ……我发现用几个发现清单，难以直接看出事件的任何简单顺序。清单在好几点上看起来都不“一致”……似乎可能的是，这些显而易见的不一致之处，是由于参与者在重建“到底发生了什么”时所遇到的困难造成的。如果是这样的话，我就感到纳闷儿，这些作者在多大程度上会倾向于把回顾性地呈现在他们面前的往事安排并且继而重新描述为一个“逻辑”顺序。我也意识到我自己有逻辑重建倾向的可能性：我也许由于偏爱与自己的没有特别提到的推测相一致的似乎更加“符合逻辑的”那种顺序，而很想消除两种竞争的说法之间的差异。

正如我们更早提到的，这是历史研究中一个极为常见的问题：如何评价冲突的原始材料？就像伍尔加例子中那样，研究当代科学的史学家可以直接给有关科学家们写信，并让他们比较不同的说法。这能够导致对事件的真正过程的澄清，不过在许多情况下(包括伍尔加的例子)

---

① 脉冲星是发射精确频率的脉动无线电信号的天体。1967 年剑桥大学的一个天文学家小组首次探测到它们。

将不会达成一致的看法。同样处于一项发现的中心的研究团队的成员，对发生的事件仍然可能有极为不同的想法。

不认为这些变种就是事件的“真正”过程的畸变，也不尽力去确定
158 这一点，伍尔加提出，应当认为这些差异就是一个不可复位的事实(以方法论的措辞)。换言之，恰恰就是因为这种信息是相冲突的信息，史学家把这些相冲突的原始材料当作关于发现过程的信息来利用，才能够从中获益。(Woolgar，399 页)

> 我们可以认为这些差异不是可能“不精确”或“畸变”的原始材料，而本身就是潜在地富有成果的资料形式。也许，正是两种描述之间的差异，才能够告诉我们观念发展的本质过程。

这种利用冲突的源材料的方式，符合发现就是充满冲突的过程而不是中性事件的观念。我们已经看到萨克里在他关于道尔顿原子论研究中所用到的类似的观点。应当注意，伍尔加的建议不仅仅是在不能调和冲突的原始材料的情况下的一个应急的解决办法。即使在史学家能够拒斥或者修改清单并得到一幅事件的真正过程的图景的情况下，科学家给出不同的清单这个事实本身对于理解发现过程，就是一种有价值的原始材料。

思考题

1. 为什么应该用怀疑态度批判地对待科学家们的历史陈述?
2. 霍尔顿关于爱因斯坦相对论与迈克尔逊实验关系的研究、迪昂关于安培电磁学实验的研究、伍尔加关于脉冲星研究史的研究，各说明了什么史学道理?

第十四章 实验科学史

科学史实验摹拟的根据和范围—历史的实验重建与理性重建—历史实验的唯一性和不可重复性—历史报道与现代实验重建的冲突—史学家对原始文本的修正—牛顿头发的化学分析案例—巴比伦日食记载分析案例

不能唤回过去,尽管这是一个事实,但是至少在某种意义上,可以 159
用实验方法对过去进行探索。实验科学史一直没有得到广泛或者系统的应用,而且对它存在着分歧的见解。一方面,应当提到意大利史学家贝洛尼(L. Belloni),他发展了医学史尤其是生物学史中的实验方法。按照贝洛尼的看法,历史实验的重建作为对文本诠释的补充方法,特别有价值(Belloni,1970,158 页):

> 当我们开始研究和重建一位作者的思想时,撇开他的时代的一般文化框架,显然就不能对他的作品进行分析。如果当时被描述的观察和实验在安排和技巧上,就像作者生活于其中的文化气候一样,远离我们的习惯和心态,那么,得出对所考虑的文本的确切的诠释的最好途径,有时是唯一的途径,就在于在与原来完成这些实验同样的条件下,重复它们。

另一方面,也有史学家在原则上拒斥实验方法(Greenaway,1958,96 页):

> 也许可以想象,假如我们要发现道尔顿的思想,我们可以自行重复道尔顿的实验,这些实验把我们置于他的思考所处的境况之中。我们只得宣称,关于道尔顿的这件事弄明白了它何以没有根据,……约翰·道尔顿的活动相当

> 清楚地向我们展现了科学思维行动的唯一性。我不能重复昨天的实验。它已经成为可以为我们称之为历史探究的那种探究所理解的过去。

正如我们将看到的,这两种观点并不必然构成矛盾;如果从其各自的立场来看,它们都对。

160 可以借助于对过去的实验的(现代)实验摹拟,来研究它们。必须把实验摹拟看成是一种可接受的方法的理由如下:科学的一个非常重要的部分,总是由实验或者类似的经验工作构成。人们通过做实验,用不同的方式和措施操纵自然客体,或许只是记录这个受控操纵的不同效应。这些效应显然与特定的实验境况相联系,就是说,通过自然律来保证,当按某种方式安排实验时,结果总是确定的。但是,由于自然律独立于时间或者说实际上“与历史无关”,因此,实验境况与客观结果之间的联系跨越历史时期仍将有效。我们可以用**我们的**自然律知识去推翻历史报道;推翻的不是关于人类的思想和行为的报道(它们形成了实际的历史实体),而是这些思想和行为客观上涉及的那些现象的报道。例如,如果一位15世纪的化学家报道说他做了实验,他在这些实验中用不含金的材料制得了金子,那么,我们就会**知道**这个报道是错的。我们的化学和原子论知识给我们提供了这种知识。炼丹术士们错了,这个事实肯定没有使他们的工作不怎么有历史趣味。我们知道,那不是化学家们制得的金子;但是,当时是什么使他们相信它就是的呢?如果炼丹术士的报道足够详细和可以理解的话,那么,史学家今天就能重复他的实验,并用现代方法分析产物。如果重建的实验是原来的实验的精确再现,那么肯定就能得到与500年前的产物相同的产物。以这种方式,人们依靠实验就获得了有关某个历史问题的知识。以这种方式获得的关于过去的知识仅仅是可能的知识,因为归根到底,科学史中涉及的观念就是关于自然界中的客观特征的观念。其他形式的历史并不具有这个资格。

以上提出的历史事件的现代摹拟,仅仅适用于那些可以被孤立开来并能重复的事件,即那些服从因果律的事件。在炼丹术士的例子中，重要的恰恰就是要知道15世纪炼丹术有其地位的原因是什么，炼丹术士们是如何想的，炼丹术与占星术之间有什么联系，等等。实验 161
方法在这里可能没有任何用处。我们不能肯定地重新创造出15世纪的社会和宗教条件，不可能使它们成为实际实验的对象。

历史重建具有的地位不同于科学论中讨论的逻辑或**理性重建**的地位。在理性重建中，人们根据特定的理性标准重新思考问题，而且或许还批判某位科学家用非理性的方式进行论证。这种重建在哲学上可能是有价值的，但作为科学史，它却是不可接受的；科学家是否想过无关紧要，尽管现代哲学家也许希望他想过。我们在现代理性标准的基础上评价过去的事件，就不能获得关于过去的知识。毕竟，这些标准本身就是社会和历史过程的结果。正如迪克斯特休斯指出的(Dijksterhuis，1961，340页)：①

> ……科学史中一个太经常被忽视的原理，即如果命题B……真的是命题A的结果……那么，一个熟知B的人并不会由于这个理由而被认为是知道A以及A与B之间的逻辑关系的人。

然而，实验重建可以包括理性重建的元素。如果一位科学家带着某个特殊的期待的目的进行一项特殊的实验，那么，该实验可能会因为在其史境中是非理性的而遭到批判；实验进行的方式或许与其目的没有联系。这样的批判没有反映实际的历史观，但由于后来的实验方法学说，却可以认为它是合理的，但它却是时代挪动的。

实验重建可以只包括那些构成实验的原始核心的体力活动：调试设备、查看仪器、记录观察结果。然而，这几乎不是真正意义上的"实验"。真正的实验是一个包括理论期望和数据诠释在内的完整的整体。只有在抽象的，因而是非历史的意义上，"纯粹的实验条件"才能够脱离实验所处的理论框架。正是在这个意义上，才能像格里纳韦(Greenaway)那样说，历史实验是唯一的、不可重复的事件。即使我们

① 对于使用拉卡托斯重建主义的异议，见McMullin(1970)和Holton(1978)。

162 今天重复了拉瓦锡1777年证明空气组成的著名实验,我们所重复的也不会是**拉瓦锡的**实验。孤立地看,这种重复不过是通常的化学实验而已。但是如果我们彻底研究拉瓦锡时代存在的科学和智识气候,那么,这个实验就能够帮助我们更好地理解拉瓦锡。它也就成为历史实验的一种重复了。

实验科学史可以给我们关于报道过的实验是真做了还是只想了一想的信息。如果历史文本描述的实验结果与现代的重复尖锐地冲突,那么,就有理由怀疑这个实验实际上是否真做了,是否得到了所描述的结果。另一方面,如果所描述的实验与重建实验相符,我们就有理由相信该报道的可靠性。我们能用这种方式所做的现代控制并不必是实验的。它往往只是所描述的实验结果与现代确立的知识的一致性的一种理论核验。这样,我们就不必为了知道炼丹术士没有制得金子而重复他们的实验了。

这里也许必须注意两点限定。关于上面提的"核实",历史报道与现代知识相一致这个单纯的事实本身,并不是接受该报道的充分根据。如果1750年X描述了一个实验,实验中看到白光在通过棱镜后分成一个有色光谱,那么,该实验与现代知识一致这个事实就不应当导致接受它的历史可靠性。这样的实验在1750年众所周知。我们必须要求该实验的结果在当时是新的或者令人吃惊。如果1650年Y描述了相同的观察结果,那么就有很好的理由相信Y。因为这样的结果在1650年尚属未知,而且没有理论上的预言。如果Y没有做这个实验,他怎么能够报道一个非同寻常的实验的正确结果呢?

至于历史叙述的"伪造",人们不能直接得出结论说,如果报道的结果与现代知识或者与重建的实验相冲突,该实验实际上就不是像所描述的那样做的。当时就和现在一样,那些做实验的人,根据他们的
163 理论期望、实验目的和内容,报道那些在他们看来有其重要特性的东西。一位科学家也许很好地观察到了我们知道是正确的,并且为重建所确认的现象,而没有报道它或者以任何方式意识到它。他也许认为它是不相干的"噪声",而有事后认识优势重复他的实验的科学史学

家，将会认为这个现象有趣并且有意义。伽利略在《交谈》中，报道了钟摆等时摆动，即摆动周期不依赖于振幅(不管单摆离其静止位置运动多远)这项实验发现。按照伽利略的说法，他观察到周期对于每个振幅来说都相同。实际上，周期大的情况并非如此，而伽利略在他的实验中恰恰没能观测到。即使如此，也没有理由怀疑伽利略的报告是可靠的。他知道对于大振幅来说周期相当不同，但是他认为这种偏离不重要，因此报道说它不存在。

不仅围绕实验报道的环境使简单的伪造实际上等于不可能，而且实际检验也需要对较早的实验情况和方法有综合性的知识，以便所重复的就是严格的历史实验。由于这样的知识常常不存在，而且相对于原始实验而言重建实验将含有很大的不确定性，以致不可能引出任何结论。

在《交谈》中还可以找到一个例子。伽利略(萨尔瓦埃蒂)在此书中，谈到了一项有关水和酒的奇怪的实验。(Galileo，1974，74 页)一个带孔的玻璃球内装满了水，将口朝下，放在一碗红酒上。伽利略说，我现在看见红酒往上流进了球里，同时水却往下流到了碗里，这两种液体没有混合；最后，球充满了红酒，碗却充满了水。伽利略做了其结果看起来似乎与我们所知道的有关液体运动的情况相冲突的这个实验吗？柯瓦雷显然相信这个实验方法的适当性，因为他写道(Koyré，1968，84 页)：

> 的确，难以提出对他[伽利略]报道的这个惊人的实验的解释。尤其是，因为
> 假若我们严格按照所描述的那样重复它，我们应当看到酒向上流进(充满水 164
> 的)玻璃球里，水却流进(充满酒的)容器里；但是，我们应当看不到水和酒简
> 单地相互替换；我们应当看到混合物的形成。

这个历史重建实验本身是虚构的。柯瓦雷没有宣称做过这个实验，但是认为他知道将会发生的事情。柯瓦雷得出结论说，“伽利略……从未做过该实验；但是听说过它，在他的想象中重建了它，把水与酒的完全不相容性当作不容置疑的事实来接受”。(Koyré，1968，84 页)然而，加拿大科学史学家詹姆斯·麦克拉克伦不怕麻烦地实际重复了该

实验。他能够支持伽利略报道的结果。结论：伽利略水和酒的实验大概是可靠的。

实际上在很大程度上以实验工作为特征的化学史应当特别经得起实验历史方法的检验。奥斯特和弗里德里希·韦勒(Friedrich Wöhler,1800—1882)分享了发现铝的荣誉。由于奥斯特1825年报道了他把矾土(氧化铝)还原成金属，而韦勒的改进方法却始于1827年，因此奥斯特拥有优先权。在化学史的早期著作中，奥斯特的发现常常被忽视，以至于人们觉得有必要确定奥斯特是否在1825年实际分离出了铝。1920年，在奥斯特的电磁学发现一百年之际，丹麦化学家们重复了奥斯特描述的步骤，并且用这种方法提炼出了纯铝。(Fogh,1921)因此，可能没有什么疑问，奥斯特1825年实际上制得了铝(他是否发现了该元素是个稍微不同的问题)。

关于奥斯特方法根本上就可能存在疑问这一事实，部分地与其原始报告相联系，如果人们逐字按该报道去做，该报道就不能导致铝。因为奥斯特写道：①

> 用于氯处理在陶管中保持赤热的纯矾土混合物。由于矾土这样就能够从其氧中分离出来，因此其可燃部分就与氯化合，从而形成一种易挥发的化合物，用一个回收烧瓶易于得到该化合物，自然必须给该回收烧瓶配上一个排除未吸收的氯和产生的氧化碳气体[一氧化碳]的排气管。氯与矾土的可燃成分氯化铝的化合物，在差不多不超过沸水的热度时易挥发；它是淡黄色
> 165 的，不过也许是由于附着的碳，它柔软并且呈晶体形式；它大量吸收水，而且在这个过程中随温度的升高易于溶解。

显然，由于矾土中的金属部分是氧化铝，因此报道的实验不能给出所描述的结果。如果碳也不存在，那么，“产生的氧化碳气体”和“附着的碳”能够从哪里来呢？事实上，氧化铝并不直接与氯反应。据推测是

① 根据影印件(载Kjølsen,1965,105页)译出。这里复制的引文只涉及铝合成(此处“合成”当系“制备”之误。——译者)的第一步，无水氯化铝的制备。第二步，把氯化铝溶于汞中，它就转化成为汞齐。如果蒸馏汞齐，则得到纯态的该金属。

因为印刷错误，“碳黑”（煤尘）一词被漏排了，所以正确的句子可能要改为“……纯矾土与碳黑的混合物……”。至少，这是1920年确证奥斯特实验的方向。用这个版本，奥斯特的报道就不仅成为化学上可以理解的，而且在语言上也一致了。如果纯矾土不是与某种东西的混合物，“纯矾土的混合物”的表达就讲不通。考虑到后面提到的一氧化碳，就必须把这种东西解释为有碳存在。

但是，人们也许会反问，史学家有什么权利修改原始文本，并且加进原文中实际并未出现过的词呢？也许奥斯特严格地像他描述的那样做了这个实验，因此并**没有**制备出铝，难道这就不可想象吗？如果唯一的根据就是上述一般意义上的考虑，那么，在奥斯特的这个情况中，这种对他的文本的善意修改，难道不就是一例“一致性神话”吗？不，情况并非如此。关于这个平凡的印刷错误的假设，却得到了文献支持，因为就在同一年，奥斯特在给德国化学家施魏格尔（Schweigger）的信中描述了他的发现，其中写道：“……当用干氯处理与碳混合的赤热矾土时，就得到了易挥发物质氯化铝……”（转引自Kjølsen，1965，108页）[①]因此，结论就是，奥斯特的原始报道中实际存在一个倒霉的印刷错误，奥斯特1825年确实制备出了铝。

当把现代科学方法用于对过去的研究时，就把过去未知的元素引进过去之中了。然而，这并不意味着这就是时代误置史学。这是对过去的一种纯技术干预，没有把任何后来的知识归功于过去的人们。这种干预不存在任何不合理之处。

一切历史洞察在现代分析中都有其起点。史学家利用他当时的 166
位置和知识，包括现代科学的结果。对于科学史来说，不存在任何这方面的新东西或者特殊的东西。对纸和墨水的化学分析以及确定记录年代的物理方法，在历史和考古研究中一直长期使用。在历史和考古中被当作工具使用的现代知识，在现代一直在系统地发展，并且被

① 给施魏格尔的信，包括提到碳的内容，同一年发表于波根多夫的《理化编年史》（*Annalen der Physik und Chemie*）。

认为是考古定年学。这些技巧与一般的文明史,特别是在文字出现之前的那些时期,在通常对原始材料的分析不能给我们很多信息的地方,极有关系。

最近对牛顿头发的分析给我们提供了一个与科学史相关的不可思议的考古定年学的例子。牛顿在青春时期曾经经历了一个严重神经机能病和宗教狂的时期,而牛顿学者们对此曾给出了极为不同的解释。残存的牛顿头发呈现异常高浓度的汞这一事实,以及已知汞会引起精神损害这一事实,就给我们提供了一种新的解释。一个简单并且平淡得多的解释,却可能比史学家们的复杂心理猜测更加值得相信。(Broad,1981)

历史所具有的对当前的关联性,有时在科学史中可以具有完全具体的特征。大量的科学工作仅仅以未加工的形式存在于历史档案中。也许可以想象,假如科学史学家可以使这些资料成为可理解的,那么它们对现代科学家或许有些价值。然而,在实践中,人们必定会认为这样一种以"历史"为基础的科学是乌托邦式的,因此就会同意艾利奥特(C. A. Elliott)的如下判断(Elliott,1974,27 页):①

> 任何科学家似乎都不会结合他本人当时的工作,去普通档案馆查阅一位更早的科学家的资料。除了在形式的意义上之外,他大概完全不会查阅发表很早的文献。

然而,在有些情况下,历史资料对现代科学可能是有价值的,甚至可能是回答问题的唯一来源。包括天文学、地质学和进化生物学在内的自然科学包含有不可重复的方面,在这种意义上就是"历史的"科学。古动物学家研究灭绝动物的实物遗骸,如果甚至遗骸都消失了,他就被
167 迫像一位史学家那样工作。现代地球物理学中的一个焦点,就是研究地球的质量围绕其中心分布的方式及其原因。已经证明,对早期巴比伦楔形文字文本的研究,对这个问题极为重要:巴比伦人报道了对月

① 亦见《爱西斯》第 53 卷,格罗弗(W. C. Grover)在这里为相反的观点辩护(58 页)。

亮和行星的仔细观察，包括他们记录的相对于日出或日落的月食时间。如果现代科学家计算出在古巴比伦时期可见的某次月食发生的日期，那么，结果在巴比伦的记载和计算的结果之间就会存在不一致之处。这个不一致不是由于巴比伦的资料不准确，而是由于随着地球自转减慢，一天的时间正在逐渐变长这个事实。现代计算与巴比伦记载的比较显示，地球自转速度的变化不仅仅是由于潮汐效应，而且必定还依赖于地球内部质量分布的变化。根据楔形文字文本，可以相当准确地估计非潮汐效应，于是这就帮助地球物理学家改进了他们的地球内部模型。（Stephenson，1982）当然，在这些巴比伦数据可以交给地球物理学家之前，科学史学家必须对它们进行诠释，并使之成为可以理解的。在天文学史的其他领域，历史数据如何成功地用于现代研究，以及如果使用了的话，它如何能够起到有用的作用，也有一些例子。（Grosser，1979，41，139 页）

不管这些与历史数据的科学相关的例子或许多么有趣，都不应当忘记它们是些例外；几乎不能把它们称为正当的科学史。

思考题

1. 在科学史研究中利用实验摹拟方法，有什么根据？其适用范围是什么？
2. 历史的实验重建与理性重建之间有何不同？二者有怎样的关系？为什么说“历史实验是唯一的、不可重复的”？
3. 历史报道与现代实验重建的相互冲突有哪些情况？举例说明之。
4. 史学家是否有权修改原始文本？为什么？举例说明之。
5. 牛顿头发的化学分析和巴比伦日食记载的个案说明了什么道理？

第十五章　传记进路

神话科学史盛行于科学传记之中—科学史并非仅仅由传记组成—传主生平与科学的两分法—心理传记的危险

168 著名的个体科学家的传记是最古老的科学史形式之一。然而在新的职业科学史中，它在一定程度上被看作是不那么受敬重的科学史形式。只是最近，这一倾向才颠倒过来。[①]（参见 Hankins，1979）传记声誉的降低与科学史中的现代学术标准有关，也与一般的视角变化有关，在这种视角中，人们必须在某种程度上，要么把焦点转移到智识主题上，要么把焦点转移到社会主题上。然而，传记著作仍然是科学史的一个重要部分，而且它们将来也会如此。尽管从科学史的观点看，传记的品质常常是可疑的，但是它们却能够实现其他形式的科学史没有包括的功能。

由于科学传记是围绕个体活动建立起来的，因此它易于转而给出一幅扭曲了的科学发展图景。那就是，由于理所当然地关注其生平故事正在被讲述的那位科学家的成就，并且因而很可能赞美了这些成就，而其他科学家只是作为一个灰暗的背景出现。传记是从个人中心的视角撰写的，这个事实本身并不值得批判，而且本身也不是缺乏客观性的标志。然而，传记作者常常想把自己当成传主，并把描绘的科学家描写成一位英雄；而他的敌手和对手则被描写成坏蛋。这种情况

---

① 值得注意的有助于颠倒这种倾向的现代科学传记的例子，包括 Drake(1978)、Manuel(1980)、Westfall(1980)和 Morselli(1984)。

发生时，传记便蜕化成为所谓圣徒传记，一种不加批判的黑白分明的历史。无疑，科学传记在很大程度上为阿加西（Agassi）描绘成归纳主义科学史的这种黑白画设置了舞台。（Agassi，1963）预觉神话和其他形式的神话科学史盛行于传记文献之中，这并非巧合。

对历史的神化是许多传记的一个共同特点，这种神化与传记往往 169
针对的是广泛的公众这一事实有联系。传记几乎是唯一一种成为畅销书的科学史文献。但是这些被广泛阅读的著作，比如夏娃·居里（Eve Curie）写的她母亲的传记《居里夫人》（*Madame Curie*），很少符合人们愿意将其与科学传记联系起来的标准。如果一部传记要引起当今广泛的兴趣，它就得要么通过为现代学科联系设置舞台，要么通过人的戏剧性内容，来诉诸读者。如果在传记传主的真实生活中不存在这些元素，那么，传记作者就要发明它们或者想象它们。一位科学家公认在他的时代起过重要作用，但其贡献已经显示是一条死胡同，而且其生活也缺乏戏剧性，谁会稀里糊涂地去阅读关于他的一整本书呢？

赞美和浪漫的传记的典型做法就是把主人公描绘成与愚蠢的同时代世界做斗争的天才，这个世界在其光辉思想的道路上设置了各种障碍；其思想之所以光辉，是因为它们预觉了或者能够被读成现代知识。这样的障碍事实上往往没有任何根据，只是加强我们对主人公的钦佩的艺术效果（如果他征服了它们），或者原谅他没有成功（如果他无论如何都没有征服它们）的一种手段。正如我们已经见到的那样，这种神话并不限于较通俗类型的科学史。显然，史学家的责任是要在可能设置神话的地方揭穿这些神话。

至于浪漫，科学史上几乎没有什么例子能够与法国数学家埃瓦里斯特·伽罗瓦（Évariste Galois，1811—1832）的逝世传说相比。根据几乎为伽罗瓦的所有传记作者都传播的标准故事，伽罗瓦是一位被误解的天才，其光辉理论被数学体制所压制。他是环境的牺牲品，卷入了当时的政治骚乱，并且由于同情共和而被监禁。甚至在监狱里，伽罗瓦仍然发展了他的数学思想，即后来所知的群论。1832年，年轻的

伽罗瓦卷入一场倒霉的风流韵事，根据标准故事，这场风流韵事最终
170 导致为面子而与一个政敌的一场决斗。决斗前夜，伽罗瓦"用飞逝的时间亢奋地向他最后的科学遗愿和遗嘱冲刺。……他在破晓前那最后的危急时刻所写下的东西将使数代数学家忙碌数百年。"[①]年仅 20 岁的伽罗瓦在决斗中被杀。

对于浪漫思想来说，不幸的是，这个故事大半是一个神话。最近的学术成就已经论证了伽罗瓦并不是环境的无辜牺牲品，而是一位偏执地厌恶权威的鲁莽共和主义者。至于那场决斗，似乎是私人争吵的结果，既不是由爱情也不是由政治引起的。伽罗瓦据称的"最后的科学遗愿和遗嘱"则是一个传说：决斗前夜，伽罗瓦的确忙于数学，但实际上是那种琐碎的事儿，即校正手稿。伽罗瓦神话的解构，产生了并不降低伽罗瓦的科学原创性的一段更可靠的历史。如果这使他的传记不那么刺激，那么，这也是一个不应当遗憾的代价。对破坏伽罗瓦神话基础做出贡献的罗思曼(T. Rothman)写道(Rothman，1982，120 页)：

> 然而，坚持认为一位科学天才在个人生活中必定无可指责，或者认为不赏识他的天才的任何同时代人就是一个傻瓜或者一个刺客，这样的传奇故事既无助于他的[伽罗瓦的]声誉，也无助于科学史。天才不被平庸所容忍这个观念是太古老的陈词滥调，准确的历史不会不加批判地予以采用。

尽管神化和黑白分明的描绘常常是传记中的明显元素，但是毕竟还有许多根本就不是英雄崇拜的科学传记的典范。牛顿自他去世后一直是特别受喜爱的传记著作的传主，他常常被描绘成全神贯注于他的科学的一位崇高的天才。在弗兰克·曼纽尔的学术性牛顿传记中，这位伟大的物理学家的确被描述成一位天才，不过却是一位蒙受了偏执狂边缘的精神冲突，而且一点也没有超脱俗世事务的、有人性的天才。曼纽尔的牛顿肖像几乎没有胜过牛顿本人的地方，不过却是一幅比早

---

① 根据贝尔(E. T. Bell)的《数学大师》(*Men of Mathematics*)，该书于 1937 年首次出版，得到了广泛的阅读。这里转引自 Rothman(1982，112 页)。

期牛顿圣徒传记作者们制造得更真实、考证得更好并且有趣得多的肖像。由于同样的原因,韦斯特福尔的牛顿“是一个与我们所有人一样的人,他面对着他的智识成就无法改变的同样的道德选择……牛顿在历史上的角色是智识领袖,而不是道德领袖。”(Manuel,1980;Westfall,1980,600—601 页)

人们可以指责科学史的传记进路给出的是一幅狭隘的、个性化的 171
和内在主义的科学发展图景;它以牺牲集体和社会的潮流为代价聚焦于个体天才。当然,传记的确明确地聚焦于个体层面,而且假若科学史仅仅由传记组成的话,那么科学史就会给出一幅严重误导的历史图景。但是首先,传记仅仅是科学史管弦乐队中的一件无伴奏乐器。而且其次,传记聚焦于个体,并不必以牺牲集体和社会因素为代价。事实上,按照某种说法,传记可以是明显地外在主义的;例如它可以把传记的传主描绘成为当时典型的社会和经济潮流的一个纯粹的媒介。在这样的情况下,传记的真正主人公不是这个人,而是超个体潮流,他被看作这个潮流的阐述者或媒介。如果不受有关历史原动力争论的困扰,那么,科学主要由单个的个体所创造就是一个事实。无论外部因素对科学的发展有什么影响,在整个历史上,正是个体的人想出了思想、完成了实验,而这些思想和实验就是科学的脊梁。只有社会和建制框架成为个体的活生生的人的媒介的时候,它们才有成效。因此在最佳状态上,用汉金斯的措辞来说,传记就是“书面透镜”,通过它,我们能够研究外部因素对于科学的影响。

传记方法的一个大优点就是,它允许对科学采取整合的视角。如果想要一幅某个时期的哲学、政治、社会和文学潮流如何与科学相互作用的真实图景,那么,就可以有益地聚焦于个体。个体是一个单位,通过这个单位,这些潮流就通过了同一个“过滤器”,互相混合,并以这种或那种形式显示为科学。不过,自然我们不能指望以这种方式揭示的过程就是典型的。传记的一个明显局限,就是它不能做出概括。汉金斯在他为科学史传记的辩护中,把上面提到的优点表述如下(Hankins,1979,5 页):

> 我们可以说,关于传记至少有一件肯定的事情:我们的传主所表达的理念和
> 172 见解来自于单个的心灵,而且,这些理念和见解在他能够整合它们的程度上被整合进他本人的思想之中。就一个个体而言,我们就有了他的裹在一个包中的科学、哲学、社会和政治观念。这个包极可能包含着矛盾、盲点和不相关的东西。个体似乎常常会使他思想的两个领域截然分开(通常恰好就在我们正在寻找连接的那个点上),但这是人类的倒错,如果我们承认这种倒错而不企图把科学的兴起外推到一根光滑的上升曲线上,我们就更加诚实了。

正是这种整合视角难以付诸实践。人们总喜欢把一部传记分成两个分离的部分,当该门科学难以理解,或者该门科学明显没有与那个人生活中的非科学事件结合在一起的时候,尤其如此。于是,科学家一生的历程就在第一部分中加以描述,而他的科学则在第二部分描述。这样的划分相当常见,大概是因为这样使传记被一个大的读者圈阅读:具有专家知识、想全神贯注于科学的读者就可以不被"不相关"的传记细节所干扰;非专家读者则可以充分受益于第一部分而略过第二部分。当然,不利之处就是传主的科学和非科学活动之间的任何联系也就由此消失了。无可否认,在整合传记中可以找到一种相反的危险,即夸大整合的倾向;例如,总是把传主的科学贡献看作是基于非科学事件或者与非科学事件相关的。人为整合就像人为孤立一样,可以使人误解。

传记自然包括被描绘的科学家的心理方面。如果心理分析或类似的观念被广泛使用,就可以谈及**心理传记**进路。这是一种艰难的艺术,充满了陷阱。

心理分析之父西格蒙德·弗洛伊德(Sigmund Freud)撰写了关于达·芬奇的心理传记研究作品,其中他分析了达·芬奇的童年经历。在这项研究中,弗洛伊德犯了一个大错,他把意大利词"kite"误译成"兀鹫",而"兀鹫"这个词在心理分析中具有象征意义,弗洛伊德对达·芬奇的诠释部分就建立在这个术语的基础之上。(据 Shore, 1981,95 页)弗洛伊德心理传记的一个现代例子,就是刘易斯·福伊尔

的现代物理学的心理根源的研究，这项研究以科学家的精神活动表达了感情张力的升华这个理念为基础。(Feuer，1974)例如，福伊尔提到 173
年轻的恩斯特·马赫与他独裁主义的父亲之间的紧张关系，以此对他反对原子论做出解释。憎父与原子有什么关系呢？福伊尔的论证如下：马赫有时把原子说成“核”(Stones)，这是《圣经》对睾丸的隐喻。由于马赫憎恨他父亲，因此他就梦想着去父家长的现实，即一个无“核”的现实。通过这种联系，马赫把他的心理反叛投射进了一个物理理论之中，这个理论中不需要原子。

这个例子如同弗洛伊德的例子一样，术语是象征性地想象出来的，并且随意地用来服从没有进一步证据的心理学诠释。对马赫使用“核”这个术语的一个不那么人为的解释，就是马赫想到了物质的最小建筑石材(Bausteine)，而不是睾丸。但是另一方面，当然也就无须心理分析了。这个例子或许说明了把先入之见和心理学概念应用于传记事件的危险。仅当事件看起来在其他方面莫名其妙，也就是不能在理性的基础上进行解释时，才应当考虑心理学资料或者心理分析的推理。在马赫这个例子中，心理主义遮掩了这一事实，即反原子论在19世纪末远非不寻常，而且马赫的态度事实上基于充分的科学推理之上。

无论是否是从心理学上定位，个体的传记在科学史中都只能扮演一个有限的角色。传记处于它理所当然地不能逾越的某个框架之内。因此，它最终被限制于所描述的那个人所属的那代人中，而且它也将同样地受到地理上的限制。此外，实践中传记只与特殊类型的科学家有关：其工作具有开创性的重要性、受到了哲学观念的影响并且可能还扮演着公众角色的伟大科学家——科学的贵族。数以千计不怎么重要和不怎么令人兴奋的科学家处于传记的接触范围之外。如果想抓住特定时期的典型科学环境，而不仅仅是它的精英，那么，依靠个体传记几乎是做不到的。

思考题

1. 神话科学史盛行于科学传记有哪些表现形式？为什么会出现这些情况？以你所阅读过的科学传记为例说明之。
2. 为什么说假若科学史仅仅由传记组成，科学史就会给出一幅严重误导的历史图景？
3. 为什么通常的科学传记分为传主的生平与科学两部分？这种做法有什么好处和缺陷？
4. 心理传记的危险在什么地方？举例说明之。

第十六章　群体志

集体传记与群体志的关系—科学共同体和科学学科发展研究—非科学家的科学史—群体志的局限性

以集体传记和类似材料为基础的史学技巧称为群体志[1]。该方法 174
的特征是，用与许多人和事件相关的资料作为其原始材料。

群体志并非科学史所独有的方法，事实上，只是最近，它才以一种精细的形式被引进这个领域。这种情况是通过一般社会史，尤其是经济史的启发才发生的，经济史长期都在使用与群体志中所使用的类型相同的定量方法。[2] 不过，从弗朗西斯·高尔顿（Francis Galton，1822—1911）开始，在对于科学的研究中，偶尔使用集体传记已有100余年了，他搜集了当时在世的英国著名科学家的有关统计资料，以研究遗传、环境与天才之间的关系。（参见 Cowan，1972）高尔顿等人对天才所做的统计研究受到了维多利亚时代极端社会达尔文主义的强烈影响；今天，他们被认为是所谓科学主义的经典代表。威廉·奥斯特瓦尔德用科学机构中的成员资格作为“伟大”的量度，研究了此类机构成员们的性别、种族和国籍分布。（Ostwald，1909）奥斯特瓦尔德得

① 英文“群体志”prosopography 一词的词干 prosopo-源自希腊文 πρόσωπου，意为“人脸”；后缀-graphy 意为“术”“技巧”，prosopography 原指个体的特征和特征描述，后发展为专指一个群体的总体特征和对这种特征的研究。以前有学者将其译为“拟人术”“拟人学”，也有人将其与“集体传记”一词混用。我在本书第一版中将其译为“颜面术”。现采纳袁江洋教授和中国科学院大学科学技术史专业一些研究生的建议，将其译为“群体志”，以易于理解。——译者

② 斯通（Stone，1971）帮助科学史学家们重新发现了群体志方法。

出的结论之一是,女性没有科学能力,而男性日耳曼人则具有特殊的科学才能(也许无须指明,奥斯特瓦尔德就是一位德国男子)。尽管奥斯特瓦尔德和高尔顿的研究方法已被现代定量社会学和史学以更为精确的形式所接受,但是他们对于能力与天才的研究在今天则当然是不适当的。高尔顿、奥斯特瓦尔德以及处于同样传统之中的其他早期科学家都是这一事实的确切实例,即定量史学并不是一种特别客观的方法,它很容易蜕化成为意识形态。

175 如果说有人可以称为现代群体志先驱的话,那么这人不是高尔顿,而是瑞士植物学家阿尔方斯·德·康多尔(Alphonse de Candolle,1806—1893)。1873 年他写了一部雄心勃勃的著作《两个世纪以来科学和科学家的历史》(*Histoire des sciences et des savants depuis deux siècles*),在这部书中,他系统利用统计方法研究促进或阻碍科学进步的因素。康多尔将杰出科学家的生涯与其教育背景或其父母的生涯联系起来,考察了科学对遗传和建制方面诸因素的依赖关系。康多尔的这部著作在许多方面桩标的观点和方法,多年之后构成了现代科学社会学及科学学的基础。尽管康多尔的书在奥斯特瓦尔德的鼓动之下于 1911 年被译成了德文,但它对科学史却没有任何直接的影响。(参见 Mikulinsky,1974)直到 19 世纪 30 年代中期,社会学家索罗金(P. Sorokin)和 R. K. 默顿才在科学技术史中使用了类似的方法(见下一章)。康多尔的书使默顿产生了灵感,尽管它被科学史学家们所忽视,却为社会学家们所周知。路德维希·达姆施泰特于 1908 年出版的《自然科学技术史手册》(*Handbuch zur Geschite der Naturwissenschaften und Technik*)在默顿的各项研究中,正如它在同一个传统之中的其他研究中一样,起了重要作用。该书按年月顺序汇集排列了约 13000 项发现和发明。

定位于群体志的史学家所用的原始材料不同于科学智识史的典型原始材料。群体志学者对科学出版物、信件和手稿内容的分析并没有特别的兴趣。适合于其目的的原始材料是集体传记、发现项目表、科学机构的备忘录和年鉴、学术登记簿等许多东西。第一步往往是查阅传记词典，如《国家传记词典》(*Dictionary of National Biography, England*)。对于19世纪的科学来说，波根多夫(Poggendorf)的老《简明词典》(*Handworterbuch*)尤其是无与伦比的传记资料原始材料，它在群体志中起着与达姆施泰特的《自然科学技术史手册》同样的作用。(Poggendorf,1863—1976;其他传记词典见 Jayawardene,1982)

有一个流派是利用与群体志方法类似的方法，对科学共同体和科学学科的发展与历程进行研究。这个流派的兴趣在于，例如一门特殊的科学学科是如何产生、发展和解体的；这门学科具有什么样的社会 176
结构；其范式基础是什么；该共同体的成员是哪些人，他们如何彼此相处；这门学科的特性和价值是如何传给新的地理区域和专业领域的。近年来，包括实验心理学、数学、分子生物学及射电天文学在内，已经出现了许多这类个案研究。(Ben-David and Collins,1966;Mullins,1972;Fisher,1966;Fisher,1967;Edge and Mulkay,1976;Lemaine *et al.*,1976)

例如，马林斯(Mullins)考察了噬菌体(一类病毒)研究是如何从1935年左右发展起来的，当时几位科学家[特别是马克斯·德尔布吕克(Max Delbrück)]制定的一个研究纲领，很快演化成为一门充满活力的科学学科。马林斯的兴趣并不在于微生物学知识的进展，而在于新学科发展的社会过程，譬如等级制度、新成员的补充、交流以及地位等。有关师徒关系和合作形式的信息则由集体传记和二手文献提供。1945年至1953年间，噬菌体研究具有独立学科的性质，马林斯用一个网概括其结构，这个网显示出当时涉入此学科的为数不多的科学家之间的联系(图2)。这样的图描述了某一特定时期一个科学共同体的结 177
构，但是对于该门科学的内容却什么也没说。此外，这类网容易被诠释过头，而且没有正当的理由就被当成重大的客观现象。图中出现的38位科学家，必定是马林斯根据某些判据或观念选择出来的，这些判据和观念与该时期噬菌体研究实际上是什么这一问题有关。假若采用其他判据,那么这门学科的成员就会不同,网也将会是别的样子。[①]

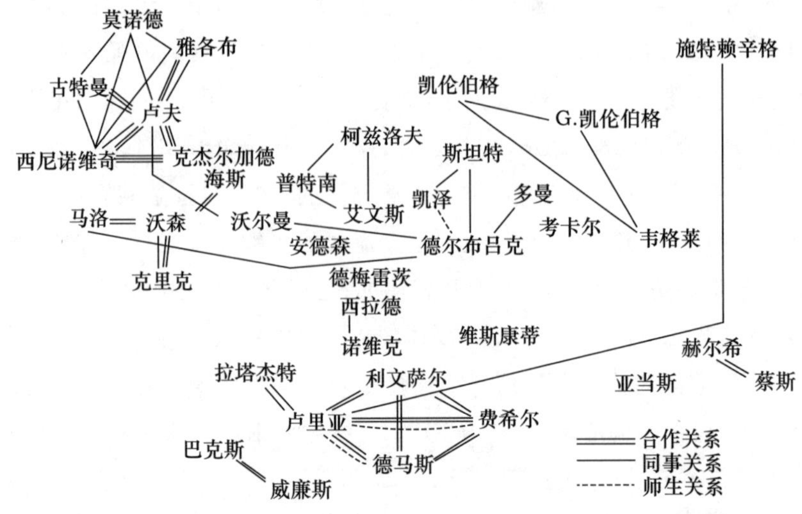

图 2　1945—1953 年的噬菌体研究网

经《密涅瓦》(***Minerva***)学报允许,复制于 **Mullins(1972,60** 页)。

一门科学学科的发展,部分地决定于它是如何有效地被"销售"出去的。在思想传播过程中,科学家之间的私人交往,新学科的人员补充,以及学科成员们为之献身的社会结构的产生,都是重要因素。许多现代的历史研究和社会学研究都断定,正是这些因素,而根本不是科学思想的真理性,决定了科学的发展。在马林斯对噬菌体研究所进行的研究中,这门学科的成功发展,被视为是由于提供学生、确定方向、建立专业标准而有效"销售"的结果。费希尔(Fisher)考察了另一门不怎么成功的科学学科,即不变式数学理论的发展。这个理论在 19 世纪最后的四分之一时间内构成了一个进步的研究领域,但后来却退化了且最终走向衰亡;到 1930 年左右,不变式理论已再也引不起数学

① 师徒网络往往使人误解,当它们涵盖了数代人的时候尤其如此。例如见 Pledge(1959,20 页),此处似乎暗示马克斯·普朗克以某种方式与克洛德-路易·贝托莱(Claude-Louis Berthollet,1748—1822)有联系。

家们的兴趣。(Fisher,1966;1967)费希尔对不变式理论命运的研究说明,一门科学学科不通过补充学生而坚持下去,是如何衰亡的。科学的生存靠的不仅仅是其自身,不仅仅是其智识地位的力量(图 3)。[①]

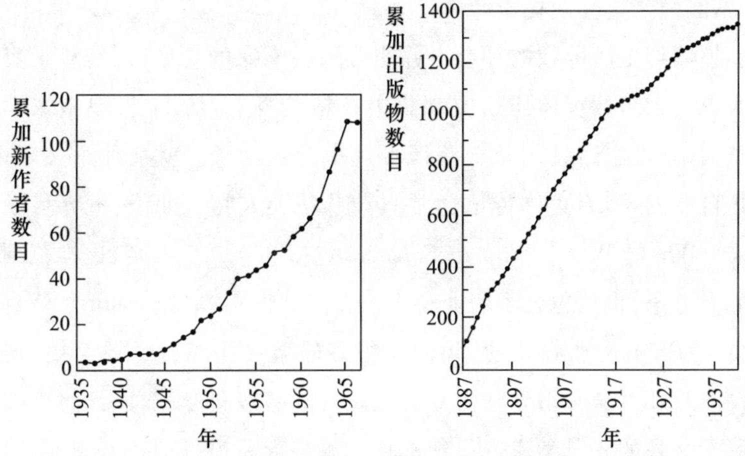

图 3 左图所示为噬菌体研究的累加新作者数目,右图为不变式理论的累加出版物数目

注意累加线性增长,如 1895 年至 1915 年不变式理论的情况,相当于停滞,就是说,每年发表的新论文数目相同。当图几乎是水平的时候,如 1935 年至 1941 年,就意味着几乎没有发表什么东西。经芝加哥大学出版社允许,复制于 Crane (1972,177,178 页)。

正如上面所暗示的,群体志与所有形式的定量史学一样,有一种诱惑,使人们将其资料当成无可置疑的纯经验的东西。"群体志学者有时倾向于把自己扮演成客观的实验科学家,他们无须考虑史学,因为他们觉得自己已经揭示了某个历史问题的数值本质。"(Pyenson,

---

① 费希尔的研究受到了黄(Fang)和高山(Takayama)的批判。(Fang and Takayama,1975,227—238 页)"某个理论中吸引的人数无论多少,从来都不是判定该理论的有效性的合理的或者有效的判据。……毕竟,数学从来都不是未受训练的点人数民主的冠军。"(23 页)但是如果费希尔的数据可靠,那么,宣称不变式理论在 1935—1941 年这个时期是一个充满活力的学科,的确就奇怪了。也许,与其说数学是民主的倒不如说它是贵族的,但是如果没有贵族成员,那么即使贵族也就什么都不是了。

1977,172 页)其合理性显然未得到证明。“噬菌体研究”和“不变式理论”都无任何清晰确定或自然分明的界限,而是某种诠释或估判的结果,就此意义而言,它们是非客观的。群体志学者正像其他史学家一样,不能回避定性的史学考虑。

集体传记所导致的社会史并非普通科学家的历史,而是科学贵族
178 的历史。大多数群体志研究都集中在精英身上,从 17 世纪皇家学会会员到 20 世纪诺贝尔奖金获得者这个高级圈子。就某种意义来说,这是自然的,因为集体传记通常只涉及精英人物。即使《世界科学名人录》(*World Who's Who in Science*,包括 30000 个人名)这样范围广泛的参考书,也只包含了职业科学家。正如派英森(Pyenson)、萨克里和夏平(Shapin)所强调的,我们有很好的条件拓展科学社会史,使其不仅涉及那些从未得到任何专业性认可的一般科学家,而且将许多处于科学之外的非科学家也包括进来。派英森写道(Pyenson,1977,179 页):

> 对能量守恒或者相对论进行阐述的众多普及者,为接受科学观念和资助科研项目创造社会风气的新闻工作者和小品文作者,靠迎合公众情趣谋生的科学书刊出版者和编辑,以及训练除学位论文之外没有发表过什么“科学”著作的科学家的大学成员之中的人物,可以在科学史上得到反映。科学中
> 179 的“普通思想”,可以通过研究这些人的生平和工作来阐明,而不是通过研究那些与各个机构和组织相联系的人来阐明,这些机构和组织庇护的是科学中的统治精英。

时下,在派英森提出的这种广泛的社会史意义上进行的研究,为数甚少。我们要提到的有两个例子。

阿诺德·萨克里是现代群体志中的一位中心人物。他考察了 19 世纪英国的科学环境,因为它是围绕许多民间组织的社团发展起来的。其中最重要的社团之一便是**曼彻斯特文哲学会**(MLPS),其最著名的成员是约翰·道尔顿。MLPS 在当时起了什么作用?为什么要成立这个学会?哪些人是其成员?他们对它抱有什么期望?对诸如

此类问题的回答，需要使用群体志方法，因为 MLPS 这种机构的意义，不能仅仅根据科学出版物来评价。萨克里研究了与大约 600 个 MLPS 早期成员有关的传记资料。(Thackray，1974)[①]似乎绝大多数人来自成长中的中产阶级(医生、实业家、商人、银行家、工程师等)，而极少有人具有丰富的科学知识或对科学具有特殊的兴趣。萨克里的资料使他得出的结论是，MLPS 的真正作用并不是追求或者促进科学，而是使这个新阶层的利益和凝聚力得到社会的合法承认。人们聚集在科学周围不是为了科学，而是为了意识形态。根据萨克里的看法，对曼彻斯特学会成员来说，科学变成了“文化表达的主要方式”；“自然知识几乎是联系紧密、内部联姻的王朝贵族们的私有文化财产”。(Thackray，1974，681 页；698 页)

在另一项研究中，萨克里与史蒂文·夏平一起考虑了英国工业革命期间科学的社会作用。(Shapin and Thackray，1974)萨克里和夏平论证说，只要我们把科学与认知兴趣及专门知识等同起来，这种作用就会难以理解。只有将在“科学”(**自然知识**而非**科学**)的幌子之下，以某种方式卷入科学圈子的所有人都包括在内，才可能理解科学的社会 180
作用。因此，萨克里和夏平呼吁要对科学史观做根本的改变(Shapin and Thackray，1974，21 页)：

> 当科学由精通科学之士渗入初通文化之人时，我们在史学上往往漠然视之。它要么被当成非科学、科学主义(因而是不相干的或有害的)、被误解了的科学(因而是谬误)，要么被当成通俗科学(因而是浅薄的)而不予考虑。事实上，人们所想到和利用的科学，与科学家们所想象的科学相比，其历史重要性毫不逊色。……最近的工作暗示，总的来说，我们低估了在英国工业化进程中，科学思想、科学原理以及探究态度和探究风气在社会结构中的渗透程度，以及它们与重要的结构目的和动力学目的相适应的程度。当我们开始考虑在多变的文化境况之中曾经繁荣过的自然知识时，我们很可能终会明白，来自大学实验室的各种观点远远不能满足史学事业的需要。群体志不

① 对萨克里进路的异议，见同一刊物，80(1975)，203—204 页。

> 是对科学事业进行较深刻的历史理解的足够工具。然而,它是很有希望但至今尚未充分利用的概念化方式。

夏平关于19世纪早期爱丁堡科学文化的研究,是新的群体志史学的一个范例。夏平特别论及颅相学的发展。(Shapin,1974;1975)

根据颅相学学说,脑是心灵的器官,是许多心理本领的场所,这些本领可以通过检查颅骨外形辨认出来。19世纪20年代,颅相学在爱丁堡广受欢迎,得到了下层中产阶级的极大支持;另一方面,它却遭到了上流社会和大学机构的抵制。当时,为传播颅相学曾引起了一场长期的论战,其核心是社会权力和科学真理之类的问题。在这种情况下,观众——即那些无论赞成与否都不积极参与争论的人们——就像演员一样重要,而且可以从群体志上进行有益的处理。例如,为了确定两大阵营的社会成员,夏平利用了爱丁堡皇家学会(反颅相学)会员
181 和当地颅相学会会员的集体传记。这样,他就能够说明,颅相学是吸引了许多商人、工匠、工程师和律师,而实质上没有吸引大学教授的一场门外汉运动。

在萨克里和夏平所考察的这些个案之中,用"群体志的科学观"进行处理证明是富有成效的,但这一事实并不保证这种处理方法普遍有效。譬如,曼彻斯特文哲学会和颅相学运动与物理学主流并无多少共同之处。尤其是现代,科学发展的极为实质性的部分实际上是在没有受众的情况下进行的。在这些情况下,群体志的科学模型几乎与之无关。

思考题

1. 什么是群体志?它与集体传记有怎样的关系?
2. 人们是怎样把群体志用于科学共同体和科学学科的发展研究的?举例说明之。
3. 涉及非科学家的科学史,人们用群体志进行研究有哪些例子?你认为我们还可以用群体志做哪些类似的研究?怎样做?
4. 群体志用于科学史研究有哪些局限性?

第十七章　科学计量史学

两类科学计量史学研究—保证量度科学性的要求—两个常用量度—引证频次、引证网络与共同引证分析—量化研究与质性研究的关系

科学计量术(scientometry)这个术语,在这里用来指称在科学相 182
对高的发展水平上分析其中的结构和发展的方法的集合。作为一门方法论学科,科学计量术并没有任何特殊的对象领域;这些方法不必做任何重要的改变,就可以用于科学组织形式之外的其他社会组织形式。科学计量术也不是一种特殊的历史技巧,尽管它有我们在这里关注它的资格。事实上,它在许多方面与当下的科学相联系,而且应当更确切地叫作定量的科学社会学技巧,这种技巧也能够用于部分早期科学。在整合的科学研究(studies of science)——科学学——中,科学计量术作为分析手段以及用于研究政策的预测,起着重要作用。

在定位于科学计量术的科学史中,可以区分两种研究,即:

(1) 用各种方式定量地聚焦于科学随时间发展的研究。典型的就是科学的增长。

(2) 聚焦于某个给定时期科学交流的结构或者该时期科学贡献的影响的研究。这种形式的科学史接近于许多群体志研究和社会学研究。

真正定量的科学史研究是一种新的现象。第一项完全定量的科学史研究——从我们在这里使用的意义上是科学计量术的研究——

始于1917年,在这项研究中,柯尔(Cole)和艾姆斯(Eames)把文献计量法用于解剖学史。(Cole and Eames,1917)另一个早期的例子,是苏联科学家雷诺夫(Rainoff),他在对文献和发现数目等做统计分析的基础上,研究了物理学的发展。(Rainoff,1929)用这种方式,雷诺夫还试
183 图把科学发展方面的起伏与社会和经济史方面的起伏关联起来。雷诺夫的工作在当时虽然没有影响,却包含了科学计量学家们后来数十年所依赖的大部分基础。默顿1938年的重要著作《十七世纪英格兰的科学、技术与社会》(*Science, Technology and Society in Seventeenth Century England*)中扩展使用了对原始材料的定量分析,此书对后来的发展更加重要。他用于阐明当时的科学与政治—经济条件之间的联系这个引起争论的问题的方式之一,就是分析皇家学会的会议,以及其他形式的科学交流所涉及的主题。通过对这些主题的分类和记数,他找出了受社会—经济需求驱动的研究的百分比,并用这些数据,得出他关于科学与经济之间关系的结论。① (Merton,1938)

在进一步了解更加现代的定量史学的例子之前,我们将给出一个关于科学计量学(scientometrics)的方法和基本假定的批判性梗概。(Gilbert and Woolgar,1974;Gilbert,1978;Edge,1979)

每当定量地量度科学的时候,什么才是科学的选择限制就成为决定性和成问题的了。为了使一种量度符合被认为是科学的那个量,就必须要求

——在它符合一般的、以定量为基础的关于科学是什么的观点的意义上,它是合理"实在的"。

——它是合理"客观的",即被选择的量度不应当模棱两可或者受个人偏好支配。

然而,这两个要求通常不可调和。例如,如果想判断在一个给定的时

① 默顿更早就在科学史中使用了定量方法,见Merton and Sorokin(1935)。对于定量科学史发展的概述,包括Merton(1977)以及Thackray(1978)。

期一门科学学科中哪些领域是最进步的领域,那么,就可以利用与领先科学家(提供信息者)的访谈、年鉴、已经掌握的报告等。这样的技巧无疑能够传递出一幅该门科学的状况的逼真、恰当的图像;但它将是一幅不容易定量化的相当“主观”的图像。或者可以转而通过清点该门科学的诸领域中写下了多少出版物,以及这些出版物是如何随时间变化的,以此在文献计量学上探索这个问题。这是一种非常“客观”的方法,但另一方面,它仅仅是肤浅的反映,或许根本就不反映实际希望研究的情况。(参见 Narin,1978)

科学计量学利用两种量的量度,即科学家的数目和科学出版物的
数目,为了阐明科学的增长和分布尤其如此。在第一种情况下,典型 184
的是利用科学家的数目,或者比如说,每 100000 个居民中科学家的数目,作为科学活动水平的总指标。但即使在这个阶段也有一些明显的问题:应当把哪些人归为科学家?根据什么判据?比如,可以使用以下判据中的一个:

(1) 科学家是那些受雇于研究所和类似场所的人,其目的是追求科学。

(2) 科学家是那些名字出现在科学文献目录、概述、标准参考书和集体传记中的人。

(3) 科学家是那些就科学主题发表了论文或书籍的人。

这些判据中的每一个都有明显的弱点,涉及历史的应用时尤其如此。例如,判据(1)将排除所有那些众所周知直到 20 世纪都在科学中扮演了重要角色的业余科学家。无论“科学家”这个术语用什么判据,它都只是摆脱“科学”这个术语本身的操作定义。同时,也似乎无望寻找这样一个有历史意义的定义。

关键点是,任何对科学的量化都预设了对科学本质的理解。坚持这一点之所以重要,尤其是因为量化常常似乎是、并且被描述为以客观的、没有问题的判据为基础;不管用的是什么量度,它们从来都不是那样。

与 20 世纪之前的科学有关的问题将会是存在科学计量学的标准量

度问题。夏平和萨克里已经论证（至少在英国的个案中），必须把科学看作在其中难以区分贡献者与接受者、科学家与非科学家的一种社会建制。当科学被看作“符合许多社会的和意识形态的需要，否则在人文文化的参与上也许就一直不存在的一个生态上很适应的变种”时，科学计量学家们的所谓客观量度的整个基础就瓦解了。（Shapin and Thackray，1974，7 页）根据夏平和萨克里，那些在 1700—1900 年这个时期发表了科学方面的东西的许多人都不是科学家，即使用一个很不严格的定义，也
185 是如此。他们没有贡献新的知识。只有少数科学社团的成员的确做了研究，而他们之中在社团的期刊上发表了东西的人则更少。

在科学计量学中最经常使用的量度是科学活动的直接产品，即出版物。这种量度尤其被科学计量学和现代定量科学史的奠基人之一德里克·德·索拉·普赖斯（Derek de Solla Price）所发展。（Solla Price，1963；1974；1980）依照索拉·普赖斯的观点，科学活动独一无二地区别于所有其他的文化和社会活动，是由于它基本上是**普遍的、客观的、累积的**和**纸印中心的**（papyrocentric）。最后的那个术语的意思是，科学的产品是某种纸（书籍、论文、预印本、小册子）。索拉·普赖斯把科学定义为“以科学论文发表的东西”，把科学家定义为“在其一生中有时有助于撰写这样的论文的人”。（Solla Price，1972）显然，就定量研究而言这样一个科学定义是操作性的，但显然也是对批判开放的。

这个定义预设了一个纸印中心的科学共同体，在这个共同体中出版物是一种得到了承认的效能或者是一种必需品。无疑，今天的基础科学受“不发表就消亡”现象的支配；但在早期，出版专制不那么明显或者根本就不存在。因此，在早期科学的前提下，把科学等同于出版物就将使人误解。此外，这个定义还假设，区别“科学论文”与“非科学论文”，或者包含科学的期刊与不包含科学的期刊，不成问题。特别是就早期科学而言，不可能不荒唐地改变我们的科学专业期刊的相当明确的含义。在更早的世纪里，许多优秀的科学工作往往是在非常模糊的史境中，在这些渠道之外发表的。

索拉·普赖斯等人系统地阐述了假定反映科学“规模”按指数增长这一事实的所谓的指数规律。(Solla Price,1956;1974)指数规律的一个例子,见图 4。这条曲线明显地显示出,至少就所关心的规模而言,物理学在这整个时期呈现平稳的指数增长。大范围的外部事件(两次世界大战)甚至呈现为暂时的衰退,然而,这些衰退对更长时期的增长速度没有任何影响。索拉·普赖斯用这条曲线给出了有关经常被人们问起的关于战争对科学的影响的问题的启示。战争刺激科学发展还是战争抑制科学发展?索拉·普赖斯的回答是(Solla Price,1974,172 页):

> 这幅图直接显示,这两种情况都没有发生——或者更确切地说,如果它们发 186
> 生过,那么,它们也如此有效地互相平衡了,以致找不到作为结果而发生的效应。一旦科学从战争中恢复过来,这条曲线就准确地回到与它以前所有的进步斜率和速度相同的斜率和速度上来。

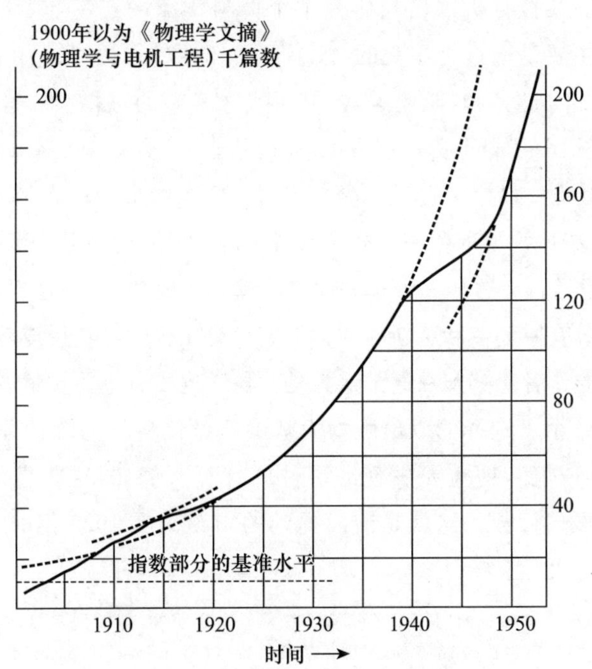

图 4 1900—1955 年《物理学文摘》的文章总数

经耶鲁大学出版社允许,复制于 Solla Price(1974,172 页)。

然而,这样一个结论在人们所说的科学的意思是所有的物理科学学科合在一起的出版物的数量的情况下才是可能的。事实上,并没有什么理由要把索拉·普赖斯等人的曲线中富于魅力的规则性增长,诠释为科学知识的相应增长,或者用它们支持累积科学观。例如,没有显示繁荣期或者停滞期,就是一个明显的特征。20 世纪物理学生产的各种革命性的观念在这幅图上根本就不能看出来。这是这一事实的自然结果,即有趣的或者开拓性的著作在出版物的统计中并没有比大量
187 低劣或平庸的著作得到更多的考虑。这仅仅是因为使累积和连续成为使用的衡量标准,这就导致 20 世纪的物理学中没有任何特别有生气的阶段这个荒唐的结果。

原始出版物统计的部分问题当然就是,它们量度的东西不同于科学史学家和科学论者真正感兴趣的东西,即科学知识的发展和质、概念革新等。几位分析家已经研究了个体科学家的产率与"质"之间的关系。这主要是通过把主观的、极不具操作性的术语"质"用相对客观性的术语如"成功"和"职业承认"取而代之来做的,后者被量度为有声望的科学社团的成员或者获得的科学荣誉。(参见 Menard,1971)基于这样的方法,索拉·普赖斯坚持认为"总体看来……在科学家的卓越与其论文产率之间有一个合理正常的相关性。"(Solla Price,1963,41 页)无论是否有这样一个相关性,"卓越"或"成功"与质是不同的。历史上许多极有原创性和革新性的科学家没有在科学界获得成功;只有少数极多产的作者能够归在通常认为是对科学进步有重要贡献者之列。[①]

另外一个可选择的以出版物为基础的量化科学的统计办法,要依靠对"科学成就",即重要发现或事件的计算。例如,这些事件可以根据年表或概述计数。这就是前面提到的雷诺夫在 1929 年的工作中使

① 法国数学家 A. 柯西写下了差不多 800 种科学出版物,他的爱尔兰同行卡利(A. Cayley,1821—1895)差不多 1000 种,法国化学家贝特洛(M. Berthelot)是 1600 多种出版物的作者或合作者。然而,这些高产和卓越科学家的例子都是罕见的。博物学教授西奥多·柯克雷尔(Theodore Cockerell,1866—1948)毕生发表了 3904 项工作成果。虽然没有记载在《吉尼斯纪录大全》(*Guinness Book of Records*)里,这很可能是出版癖中的世界纪录。

用的方法。雷诺夫把他的数据建立在奥尔巴赫(Auerbach)的《物理学史》(*Geschichtstafeln der Physik*)中的发现的基础上,并给每一项计算在内的发现配给了相同的值("出于说明的目的",雷诺夫写道),后来常常使用类似的方法,不过除了不合理的结果之外几乎什么也没有。例如,可以累计地与时间相对标出已知元素的数目,如图5所示。[①] 多布洛夫(Dobrov)认为这条曲线是化学发展过程的一个例证,而且更一般的是

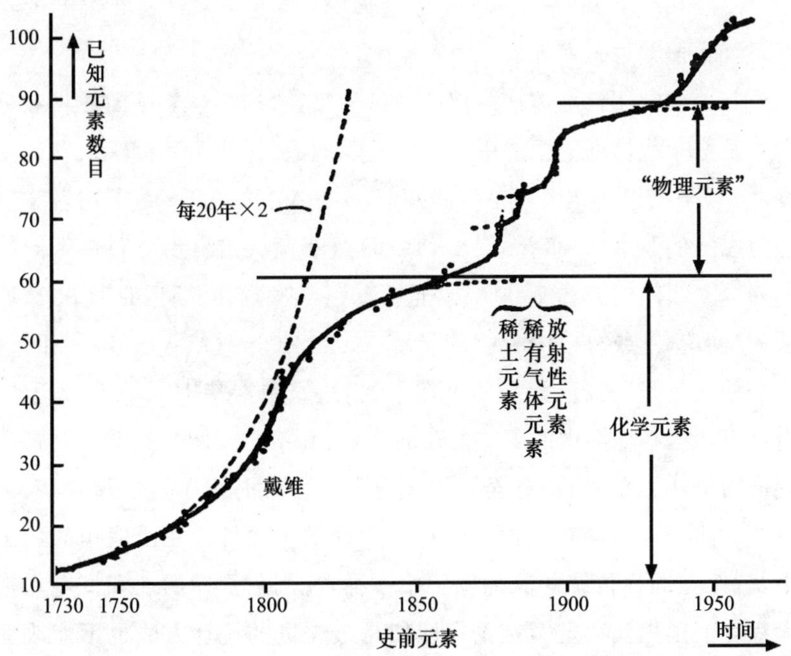

图5　已承认的化学元素发现数目是年代的函数

经哥伦比亚大学出版社允许,复制于 **Solla Price(1963,29** 页)。

构成一切科学发展的特征、与"从新的事实、经验、方法等的量的积累到科学内容本身的质变的辩证转化过程"相联系的"繁荣发展期与某种

① 此图出现于 Solla Price(1963,29 页)、Rescher(1978,169 页)和 Dobrov(1969,66 页)。

188 萧条期的交替”的例证。(Dobrov,1969,66 页)然而,在这种情况下,用这条曲线表示逗人发笑的概览之外的任何东西,都是特别危险的。在它仅仅包括了根据现代知识而获得了被接受地位的元素的意义上,它是时代误置的;它坦然地用现代元素概念处理那些元素构成观相当不同的时期。这条曲线上没有包括那些证明是错的或者是以旧的元素观为基础的数百种元素。在这条曲线所代表的那种目的论的历史中,就没有像拉瓦锡的“热质”(calorique)、门捷列夫(Mendeleev)的“钎”(newtonium)和洛克耶的“原金属”(protometals)之类偏差的位置;然而,偏差也是发现。

其他研究用标准传记中记载的科学家数目、科学奖励的数目和分布以及按年代排列的概述中记载的发现的数目,作为其科学活动的量度。[①] 一个新近的例子就是西蒙顿(Simonton)试图解释战争与科学创造力之间的关系。[②] (Simonton,1976)西蒙顿从给出了分布在不同时期和国家之间的大约 10000 个“重要的科学发现和发明”的表中,选取他的“创造力”或“科学发现”的量度。[③] (选自 Sorokin,1937)然而,这样一种量度必定被认为是不可接受的:达姆施泰特 1908 年认为重要得足以包含在他书中的那些发现的数目,并不能理所当然就是对科学
189 创造力的满意的量度;甚至可以说这并非全然是由于达姆施泰特、索罗金和西蒙顿都没有努力区分这些发现的重要性。在西蒙顿的例子中,就像在同样传统的其他例子中一样,充当数据库的表和概览在很大程度上预先就决定了结论。即使是最先进的统计方法也不能改变这种情况。

---

① 例如,汤浅光朝(M. Yuasa)下结论说,16 世纪以来主要的科学中心已经从意大利,经过英国、法国和德国移到了美国。(Yuasa,1962)汤浅几乎没有提供一项需要这种量的支持的发现。

② 注意索拉·普赖斯和西蒙顿采取的视角中的差异。索拉·普赖斯想确定战争对科学生产自始至终的影响,而西蒙顿的分析则是“带着确定社会水平上的战争与个体水平上的科学发现之间的特殊因果关系的目的”做出来的。(Simonton,1976,135 页)西蒙顿的量化科学研究的详尽说法,见 Simonton(1984)。

③ 索罗金的表主要以 Darmstaedter(1906)的数据为根据。

索拉·普赖斯在雄心勃勃地试图客观地确定科学发展中的繁荣期与萧条期时，使用了类似的方法，并因此赋予时期划分一个更坚实的基础。(Solla Price，1980)也许值得引用索拉·普赖斯的工作假设，该假设就是“基础科学的客观性和跨国界特征，给它的历史发展提供的决定性的且不被地方社会—经济因素渗透的元素，要比人们在别处的人类事务中所习惯了的元素大得多。”(Solla Price，1980，180 页)这种以科学计量学传统为特征的科学观导致了一种特殊的科学史学策略(Solla Price，1980，180 页)：

> 因此，科学技术史学家的一个极端重要的任务，就是分析不管特殊原因而进行的那种半自动的世俗变革，因为只有那样我们才能解剖那些需要特别专门解释的非自动和重要的事件。在我们从那里能够触及对偏差的二级解释之前，我们需要察觉和理解情况的规则性。

索拉·普赖斯然后计算了许多达姆施泰特类型的年代学著作中的所有科学事件，并且算出了与规则的指数增长速度的偏差。结果显示在图 6 中，按照索拉·普赖斯的见解，该图展现了一种有价值的、客观的时期划分。索拉·普赖斯如此相信该曲线的原因，是它非常符合史学家对于繁荣与萧条期的直觉。[①]

人们实际上通过与质的历史洞见的比较来检查该结果这个事实意味着，人们终究是把这种洞见作为一种核对清单来接受的。这普遍 190
地适用于量化史学，并且因此就把关于更好、更客观的视角的主张放置在一种有问题的视角之下：如果量化科学史真的确实拥有优越的地位，那么，为什么还必须通过与“主观的”历史洞见的比较来评价和更正其结果呢？

科学计量学技巧主要基于一个心照不宣的假设，即至少原则上可

---

① 另外，索拉·普赖斯还从这些数据中引出了以下更加深刻的结论：(1)工业革命并不是客观的历史现实，而是归因于史学家使用的随意的时期划分的一个方便的标签。(2)尽管科学革命是一个现实，但它并不标志着现代科学发展的开始；哥白尼、伽利略、开普勒和波义耳是仅仅发生于 18 世纪末的科学腾飞时期的前辈。(3)与通常所说的相反，化学和生物学的腾飞阶段并没有延迟；正是天文学和力学才在异常早的年代就开始发展了。

能最终精确地确定作为事件的科学发现的起源,而且可以通过累加这样的事件来理解科学的发展。在把某个特定的发现指派给某个特定的年代时,这个假定在刚提到的年代学技巧中就显露出来了。但是,这样一种观点是原始的、引入歧途的。科学发现往往并不是离散的事件;它们是很少能被集中到某个特定时间或者特定地点的过程。而且,往往难以确定一个发现实际上究竟做出来了没有或者是否使它回溯成为一个发现。(参见 Brannigan,1981)

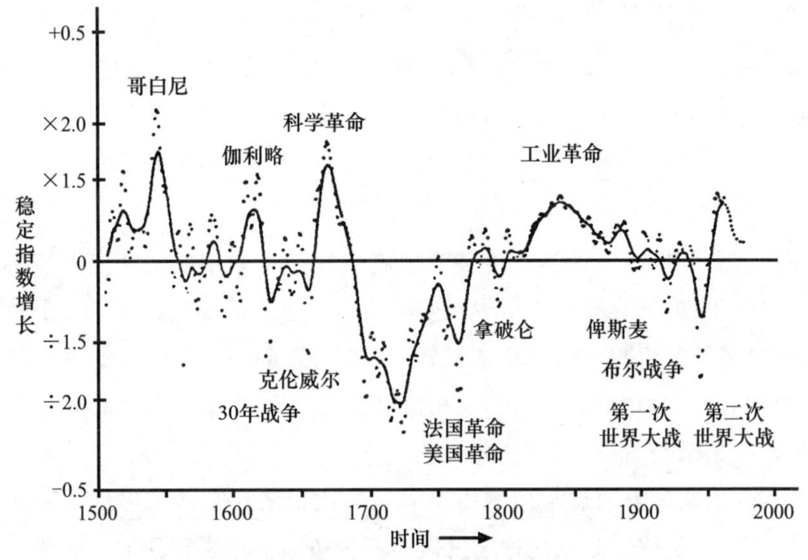

图 6　科学和技术发展的变化

经 D. 里德尔出版公司允许,复制于 Solla Price(1980,183 页)。

191 我们可以暂时得出结论说,基于计数科学家、出版物或者发现的量化史学为重要的方法论缺陷和固有的偏见所牵累。我们现在看一看另一种近些年已经赢得了某些影响的量化史学,即利用引证频次和分布的技巧。使用引证量度,即基于一件科学出版物被其他出版物引用多少次而定义的量度,其理由是,这样一种量度被认为给出了一幅较真实的某个科学工作的影响的图景。与把出版物作为量度不同,引证量度具有可以在与单独的科学工作的联系中使用的优点。如果这个工作频繁地被该学科的同行们引用,那么,往往就会判定它重要并且“高质”。

如果想研究一个特定的著作的引用频次,就可以简单地计数相关的其他著作总共提及它的次数。这是一件耗费时间和让人捉摸不定的工作,但是就较旧的科学而言,这是唯一可能的方法。至于 1961 年以后的文献,可以使用时下出版的《科学引文索引》(*Science Citation Index*,SCI),它系统地覆盖了大约 3000 种经过筛选的期刊及大多数书籍。[①] 除此之外,SCI 给出了一部著作被引用了多少次、被谁引用以及在哪些出版物中被引用的信息。虽然 SCI 只从 1961 年开始,但也可以为更早的时期建立类似的数据库。[②]

引证量度是社会学意义上的可信的影响量度或者价值量度吗?以肯定方式做出的回答预设,科学共同体的成员实践着今天普遍接受的规范,就是总是参考他作为信息所依赖的工作,而且仅仅是这些工作。这个预设是成问题的。

例如,使用“美容引证”,即对该工作无任何实际重要性的引证,就是现代科学中的一种普遍现象。这部分是由于这个事实,即认为大量的引证给一篇文章更大的分量,使它给人以更加深刻的印象。也许是因为这个事实,即出于学院的或者世故的原因,觉得提及其教授或者同辈是适宜的。某作者 X 独立地发展了一个理论,并且发现前不久的出版物上有另一位科学家 Y 发展的一个类似理论,X 通常明白,提及 192
Y 没有人能据此得出 X 受 Y 影响的结论。(Moravcsik and Murugesan,1975)

---

① SCI 由几个部分组成。除了引文索引(Citation Index),还有一个包括新出版物的来源索引(Source Index),以及一个根据专业和代码对稿件分类的轮排主题索引(Permuterm Subject Index)。

② 第一个例子就是计数了 21000 件出版物和 167000 条参考文献的 Small(1981)。然而,这些书对于物理学史学家的价值有限。编者挑选的期刊范围非常狭窄,不包括《法国科学院通报》(*Comptes Rendus*)、《自然》(*Nature*)和《自然科学》(*Die Naturwissenschaften*)这样的学报。做这样的选择大概是因为这些学报不全是专门发表物理学工作的。然而,对物理学的许多重要贡献都发表在这些学报上,这是一个事实。排除掉多数与应用物理学或者交叉学科的物理学有联系的学报,更增添了这项工作的一般偏差。

那些依赖早期科学的经典结果的现代作品很少引证这些结果。一部分重要文献几乎被系统地避免引用,因为它作为“心照不宣的”假定知识已经包括在内了,该知识为该专业中的每一位相关人士所知,不必直接引用。而且,优先权冲突或者其他形式的争论,可能易于导致对手的出版物故意从参考文献表中遗漏。如果一位科学家想以损害竞争者为代价推销他自己,这种情况可以通过忽略竞争者的出版物而发生。在紧张局面、战争或者政治危机中,不承认对方的贡献成为再明显不过的爱国责任。这在第一次世界大战和随后的年代中发生了,当时英国和法国的激进科学家们建议不理来自德国或者用德语撰写的稿件。德国物理学家阿诺尔德·佐默费尔特(Arnold Sommerfeld)在一封信中感谢尼尔斯·玻尔从来都没有不引证德国物理学的相关内容,并且对故意不理德国科学的做法发表评论说:“通过这个做法,大概也会使那些通常想压制所有的德国成就的敌对国家的同样领域的同行们明白,德国科学将不允许自己受到镇压,即使战争期间也是如此。”(转引自 Forman,1973,157 页)

另一种与科学的精神特质的决裂,是或多或少的公然剽窃,这一直是科学中的一个真实现象。(Merton,1957)在这样的情况下,引证就不会包括那些形成了剽窃基础的出版物。在对现代高能物理学的一项社会学研究中,加斯顿(Gaston)发现,大约 50%被访谈的物理学家相信,在某一点上应当引证出版物的时候却没有引证它们。一位提供信息的人说:“经常发生的是,那些没有发表很多东西的人不会引证你的工作,因为他们能使他们的论文发表的唯一方式,就是不引证那些以前做了同样事情的论文。”(Gaston,1971,486 页)

以上异议导致的结论是,不能没有限制条件把引证量度作为可信的影响量度来接受。无疑,在许多情况下,引证频次的确反映了影响
193 力,但是不应当认为该量度与基于质的估计的评价相比,就具有特别客观和可信的地位。

引证网络已经被用来鉴别那些在某个科学学科中特别重要的贡献(“关键论文或者节点出版物”);也就是在该学科中的其他出版物非

常频繁地引证的贡献。图 7 试图弄清楚孟德尔 1865 年奠定了遗传学基础的著名工作,是否就像生物学史中的标准说法所断言的那样,不为其同时代人所知。孟德尔的发现 1900 年被德·弗里斯等人重新发现,而且直到那时他的工作对生物学的发展都没有任何影响。孟德尔 1866 年发表的论文在 1869 年至 1894 年间被包括《不列颠百科全书》(*Encyclopedia Britannica*)在内的 5 个出版物引证这个事实表明,它并没有完全被忽视。孟德尔发表论文的期刊《布吕恩自然科学协会会刊》(*Verhandlungen des naturwissenschaftlichen Vereins in Brunn*),

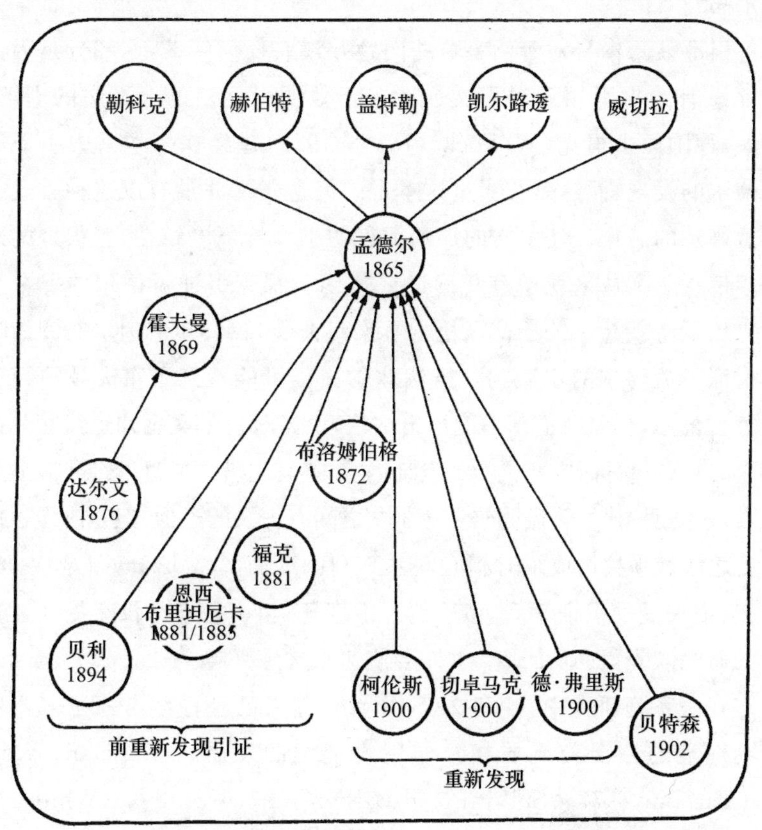

图 7 关于格里高·孟德尔 1865 年的论文的引证模式

经麦克米兰学报有限公司允许,复制于 Garfield(1970,670 页)。

也不是无名的出版物;欧洲115个图书馆和科学机构,包括皇家学会,都订阅了《布吕恩自然科学协会会刊》。此外,孟德尔还把他的论文的40份重印本送给了植物学家和其他自然科学家。另一方面,也不能把
194 这个引证网当作孟德尔的论文毕竟有名的证据。但是,它至少可以引起一些有趣的问题,比如:如果孟德尔的工作不是明显的不著名,那为,为什么它没有扮演任何重要角色?为什么其价值没有被承认?为什么必然重新发现了它?达尔文引证了霍夫曼(Hoffman,1819—1891),而霍夫曼引证了孟德尔(而且是5次),那么,达尔文阅读了孟德尔吗?[①]

引证技巧本身对于回答这些问题并没有任何帮助,这部分是因为引证没有给出引用者对引文或者关于他所引证它的上下文的理解。比如,德国医生福克(W. Focke,1834—1922)曾经在一本书中引证了孟德尔的发现,而达尔文买过这本书。但达尔文并没有以这种方式了解孟德尔的著作。达尔文的那本福克的书今天仍然存在,有很好的理由相信达尔文从来就没有阅读过它[②],因为福克引证孟德尔的那个部分仍然没有裁开。关于德国植物学家霍夫曼,我们知道达尔文阅读过他引证了孟德尔的出版物。虽然达尔文很可能看到了霍夫曼简短引证了孟德尔,但是我们却不能得出结论,说当时达尔文也知道孟德尔的探索。只有通过研究霍夫曼的引证内容,换言之就是通过继续研究质的线索,才能明白"尽管孟德尔和达尔文之间有惊人的近似,但是决定性的历史之骰似乎被扔成了对相互联系不利的一面。"(Vorzimmer,1968,81页)从霍夫曼的引证来看,似乎他并不理解,至少从来都没有提及孟德尔的研究观点,而这个观点也许会使达尔文感兴趣。

在一系列研究中,沙利文(Sullivan)等人已经仔细考察了基本粒
195 子物理学的一个分支弱相互作用物理学的发展。(Sullivan, White and Barboni,1977*a*;Sullivan and Barboni,1977*b*;Sullivan, White and

① 关于孟德尔的发现及其结局,见Zirkle(1964),Olby(1966)和Vorzimmer(1968)。

② 达尔文的阅读习惯包括他做上自己的记号表明浏览了一部著作。福克的书上没有出现这种记号。

Barboni,1979)受拉卡托斯科学论的启发,沙利文试图确定该领域在1950年至1972年的发展中,是什么东西分辨为进步、停滞和退化阶段。方法之一就是通过查看有多少实验工作引证了理论工作,来研究该时期理论与实验的相关性。根据拉卡托斯,理论与实验的关系是一个研究纲领是否是进步的决定性指标。(Lakatos and Musgrave,1970,91—196页)

沙利文的研究结果是,由于“引证交叠”在任何一点上对统计来说都不是重要的,因此理论与实验在整个这段时期是分离的。用拉卡托斯主义的方式解释,这个结果应当意味着,弱相互作用物理学在这个时期没有经历任何进步阶段,这是一个断然反驳牵涉到的物理家们的观点的结论。因此在这里我们又遇到了质的与量的证据之间的冲突,被迫要问哪种证据形式最可信。沙利文等人的结论清晰地概括了这个二难困境(Sullivan,White and Barboni,1979,323页):①

> ……如果我们对这些数据的相关性采取非常坚定的立场,如果我们严肃对待拉卡托斯,那么,我们就必须得出结论说,1959年之后的弱相互作用正经历着“衰退进展”期。如何能够在这里认真地有信心地采用拉卡托斯的分析,当然尚可争论。至少有一个经验个案,即艾奇和马尔凯描述的射电天文学的个案,看上去与拉卡托斯有明显的冲突,因为它描绘了一个迅速增长的专业的图景,这个专业中实验几乎总是导致理论。当然,也可以无视那些一直关注着这个领域以及宣称射电天文学在艾奇和马尔凯研究的那个时期完全是“进步的”那些人们(尽管有卓越的实验)所累积的智慧,以此消除这种不一致:例如,因为实验与理论的关系,就可以通过定义,把射电天文学归为“停滞的”一类。但是,那样似乎就不够明智了。

科学计量学技巧主干的最后一枝嫩芽,就是特别是被亨利·斯莫尔(Henry Small)发展起来的所谓**共同引证分析**(co-citation analysis)。当某个作者A同时引证了作者B(文章)和作者C时,就可以把这个双重引证当作这个事实的表达,即在A的眼中,B和C的贡献有联系。

① 引文中提到的艾奇(Edge)和马尔凯的研究是Edge and Mulkay(1976)。

196 共同引证强度(intensity of co-citation)被定义为一对出版物被其他人引证的次数。如果有强共同引证,那么,这对出版物就会被该学科的实践者认为属于相同的群体并且形成了一个“智识焦点”(intellectual focus)。出于辨识一个专业的“认知核心”(cognitive kernel)的目的,可以类似地使各引证对彼此联系起来,例如(C,D),(D,E),(C,F)。人们可能期待着以这种方式,通过制造逐年的共同引证模式,以此注视智识焦点的短暂变化,辨识新焦点的突现,等等。共同引证技巧局限于 SCI 文献目录的基础上,因此在早期科学史中的应用有限。(Sullivan,White and Barboni,1977*b*;Small,1977)

关于科学史的科学计量学进路,我们现在可以得出结论:

在科学计量术努力确立客观史学的过程中,它聚焦于这样一种模型,在这个模型中,科学被看作是离散的信息流,而这个信息流的认知内容原则上无关紧要。信息流的原子是那些得到承认的出版物,这些出版物是在诸如 SCI 或者其他文献目录著作中已经被认可了的。因此,人们几乎不可避免地给出一幅过于形式化的过程图景,该图景实际上带着非形式和非理性影响的强烈标记。正如艾奇指出的那样,科学计量术优先考虑的是形式的东西而不是非形式的东西;相反,传统史学则倾向于在非形式东西的基础上解释形式的东西。(Edge,1979,115 页)应该很明显,科学计量术在任何情况下都不能独自屹立。如果它必须拥有任何历史价值的话,那么,就必须把它看作是对相对传统历史方法的补充,偶尔还是校正。这也是多数科学计量学家的观点,不过并非总是他们的实践。如果谨慎地并且与其他方法结合起来使用科学计量术,那么,它就可以扮演一个重要角色,在对现代科学的研究中尤其如此。

思考题

1. 科学计量史学有哪两类研究?举例说明之。
2. 为什么保证科学计量学的量度具有科学性的两个要求不可调和?
3. 科学计量学有哪两个经常使用的量度?其判据是什么,实际使用起来有哪些困难?

4. 什么是引证频次、引证网络、共同引证分析? 这些概念是用来干什么的? 举例说明之。

5. 为什么说量化的科学史学只能作为质的科学史学的补充,偶尔可以是校正?

拓展思考题

1. 科学是如何认识自然的?(参阅约翰·洛西著,张卜天译,《科学哲学的历史导论》,北京:商务印书馆,2017 年。)
2. 科学事业是如何运行的?(参阅罗伯特·默顿著,鲁旭东、林聚任译,《科学社会学:理论与经验研究》,北京:商务印书馆,2017 年。)
3. 社会因素是如何影响科学知识内容的?(参阅迈克尔·马尔凯著,林聚任等译,《科学与知识社会学》,北京:东方出版社,2001 年;赵万里,《科学的社会建构:科学知识社会学的理论与实践》,台湾宜兰:佛光人文社会学院,2002 年;吴嘉苓等(主编),《科技渴望社会》,台北:群学出版有限公司,2004 年;嘉苓等(主编),《科技渴望性别》,台北:群学出版有限公司,2004 年。)
4. 人工智能是如何用来研究科学史的?(参阅 P. Langley, H. A. Simon, G. L. Bradshaw, & L. M. Zytkow, *Scientific Discovery: Computational Explorations of the Creative Processes*, Cambridge, MA: MIT Press, 1987; Paul Thagard, *The Cognitive Science of Science: Explanation, Discovery, and Conceptual Change*,Cambridge, MA: MIT Press, 2012.)

参考文献

Agassi，J.（1963）. *Towards an Historiography of Science*. s'Gravenhage：Mouton & Co.（Beiheft 2 of *History and Theory*）

Agassi，J. and Cohen，R. S.，eds.（1981）. *Scientific Philosophy Today*. Dordrecht：D. Reidel.

Althusser，L.（1975）. *Filosofi，Ideologi og Videnskab*. Copenhagen：Rhodos（此丹麦文译本译自：*Philosopbie et philosophie spontanée des savants*，Paris：Maspero，1974）

Andreski，S.，ed.（1974）. *The Essential Comte*. London：Croom Helm.

Atkinson，R. E.（1978）. *Knowledge and Explanation in History*. London：MacMillan.

Bachelard，G.（1951*a*）. *L'actualité de l'histoire des sciences*. Paris：Palais de la découverte.

Bachelard，G.（1951*b*）. *L'activité rationaliste de la physique contemporaine*. Paris：Presses Universitaires de France.

Badash，L.（1965）. 'Chance favors the prepared mind.' *Archives Internationale d'Histoires des Sciences*，*18*，55—66.

Bailly，J. S.（1782）. *Histoire de l'astronomie*. 3 卷，Paris.

Barnes，B.，ed.（1972）. *Sociology of Science*. Harmondsworth：Penguin.

Barnes，B. and Shapin，S.，eds.（1979）. *Natural Order*. London：Sage Publications.

Beard，C. A.（1935）. 'That noble dream.' *The American Historical Review*，*41*，74—87. 重刊于 Stern（1956），315—328.

Belloni，L.（1970）. 'The repetition of experiments and observations：its value in studying the history of medicine(and science).' *Journal of the History of Medicine and Allied Sciences*, *25*, 158—167.

Ben-David, J. and Collins, R. (1966). 'Social factors in the origin of a new science: the case of psychology.' *American Sociological Review*, *31*, 451—465.

Bensaude-Vincent, B. (1983). 'A fouder myth in the history of science? The Lavosier case.' In Graham, Lepenies and Weingart(1983), 53—78.

Bernal, J. D. (1969). *Science in History*. 4 卷, Harmondsworth: Pelican.

Beyerchen, A. D. (1977). *Scientists Under Hitler: Politics and the Physics Community in the Third Reich*. New Haven: Yale University Press.

Blake, C. (1959). 'Can history be objective?' In Gardiner(1959), 329—343.

Bloch, M. (1953). *The Historian's Craft*. New York: Vintage Books.

Bloor, D. (1976). *Knowledge and Social Imagery*. London: Routledge and Kegan Paul.

Blüh, O. (1968). 'Ernst Mach as an historian of physics.' *Centaurus*, *13*, 62—84.

Boas, M. and Hall, A. Rupert(1958). 'Newton's chemical experiments.' *Archives Internationale d'Histoires des Sciences*, *11*, 113—152.

Bonelli, M. and Shea, W. R., eds. (1975). *Reason, Experiment, and Mysticism in the Scientific Revolution*. New York: Science History Publications.

Brannigan, A. (1981). *The Social Basis of Scientific Discoveries*. Cambridge: Cambridge University Press.

Brewster, D. (1855). *Memoirs of the Life, Writing, and Discoveries of Sir Isaac Newton*. 卷 2, Edinburgh.

Broad, W. J. (1981). 'Sir Isaac Newton: mad as a hatter.' *Science*, *213*, 1341—1344.

Brush, S. G. and King, A. L., eds. (1972). *History in the Teaching of Physics*. Hanover(New Hampshire): University Press of New England.

Brush, S. G. (1974). 'Should the history of science be rated X?' *Science*, *183*, 1164—1172.

Brush, S. G. (1980). 'The Chimerical Cat: philosophy of quantum mechanics in historical perspective.' *Social Studies of Science*, *10*, 393—447.

Buchdal, G. (1962). 'On the presuppositions of historians of science.' *Histo-*

ry of Science, *1*, 67—77.

Butterfield, H. (1949). *The Origins of Modern Science*, *1300—1800* . London: G. Bell & Sons.

Butterfield, H. (1950). 'The historian and the history of science.' *Bulletin of the British Society for the History of Science*, *1*, 49—57.

Butterfield, H. (1951). *The Whig Interpretation of History*. New York: Charles Scribner's Sons. London, 1931 年首次出版。

Burrs, R. E. and Hintikka, J., eds. (1977). *Historical and Philosophical Dimensions of Logic*, *Methodology and philosophy of Science*. Dordrecht: D. Reidel.

Byrne, P. H. (1980). 'The significance of Einstein's use of the history of science.' *Dialectica*, *34*, 263—274.

Caneva, K. L. (1978). 'From galvanism to electrodynamics: the transformation of German physics and its socialcontext.' *Historical Studies in the Physical Science*, *9*, 63—159.

Canguilhem, C. (1979). *Wissenschaftsgeschichte und Epistemologie*. Frankfurt: Suhrkamp.

Cantor, G. N. (1983). *Optics after Newton*. Manchester: Manchester University Press.

Carr, E. H. (1968). *What is History*? Harmondsworth: Penguin.

Childe, G. (1964). *What Happened in History*. Harmondsworth: Penguin.

Clark, J. T. (1971). 'The science of history and the history of science.' In Roller(1971), 283—296.

Cohen, I. B. (1961). 'History of science as an academic discipline.' In Crombie(1961), 769—780.

Cohen, I. B. (1976). 'The eighteenth-century origins of the concept of scientific revolution.' *Journal of the History of Ideas*, *37*, 257—288.

Cohen, I. B. (1977). 'History and philosophy of science.' In Suppe(1977), 308—349.

Cole, F. J. and Eames, N. B. (1917). 'The history of comparative anatomy: a statistical analysis of the literature.' *Science Progress*, *11*, 578—596.

Coleman, W., ed. (1981). *French Views on German Science*. New York: Arno.

Collingwood, R. G. (1939). *An Autobiography*. Oxford: Oxford University Press.

Collingwood, R. G. (1980). *The Idea of History*. Oxford: Oxford University Press.

Collins, H. M. and Cox, G. (1976). 'Recovering relativity: did prophecy fail?' *Social Studies of Science*, *6*, 423—444.

Conant, J. B. (1961). *Science and Common Sense*. Clinton(Mass.): Yale University Press.

Cooper, L. (1935). *Aristotle, Galileo, and the Tower of Pisa*. Port Washington, New York: Kennikat Press.

Corsi, P. and Weindling, P., eds. (1983). *Information Sources in the History of Science and Medicine*. London: Butterworths.

Cowan, R. S. (1972). 'Francis Galton's statistical ideas: the influence of eugenics.' *Isis*, *63*, 509—528.

Crane, D. (1972). *Invisible Colleges*. Chicago: Chicago University Press.

Croce, B. (1941). *History as the Story of Liberty*. London: Allen and Unwin.

Crombie, A. C. (1953). *Robert Grosseteste and the Origins of Experimental Science, 1100—1700*. Oxford: Clarendon Press.

Crombie, A. C., ed. (1961). *Scientific Change*. London: Heinemann.

Crosland, M. P. (1978). *Historical Studies in the Language of Chemistry*. New York: Dover.

Crosland, M. P. (1981). 'The library of Gay-Lussac.' *Ambix*, *28*, 158—170.

Dahl, O. (1967). *Grunntrekki Historieforskningens Metodelære*. Oslo: Universitetsforlaget.

Daniel, G. (1980). 'Megalithic Monuments.' *Scientific American*, July, 64—76.

Dannemann, F. (1906). *Quellenbuch zur Geschichte der Naturwissenschafu in Deutschland*. Leipzig.

Dannemann, F. (1910—1913). *Die Naturwissenschaften in ihrer Entwicklung und in ibrem Zusammenhang*. 4 卷, Leipzig.

Danto, A. C. (1965). *Analytical Philosophy of History*. Cambridge: Cambridge University Press.

Darmstaedter, L. (1906). *Handbuch zur Geschichte der Naturwissenschaften und der Technik*. Berlin.

Darwin, C. (1872). *On the Origin of Species*. 第 6 版. London.

Dewey, J. (1949). *Logic, the Theory of Inquiry*. New York: H. Holt and Co.

Diederich, W., ed. (1974). *Theorien der Wissenschaftsgeschichte*. Frankfurt: Suhrkamp.

Dijksterhuis, E. J. (1961). *The Mechanization of the World Picture*. London: Oxford University Press.

Dobbs, B. J. T. (1975). *The Foundation of Newton's Alchemy. Or 'the Hunting of the Greene Lyon'*. Cambridge: Cambridge University Press.

Dobrov, G. M. (1969). *Wissenschaftswissenschaft*. Berlin (DDR): Akademie-Verlag.

Dolby, R. G. A. (1977). 'The transmission of science.' *History of Science*, *15*, 1—43.

Dolby, R. G. A. (1980). 'Controversy and consensus in the growth of scientific Knowledge.' *Nature and System*, *2*, 199—218.

Drake, S. (1970). *Galileo Studies: Personality, Tradition, and Revolution*. Ann Arbor (Mass.): University of Michigan Press.

Drake, S. (1975). 'The role of music in Galileo's experiments.' *Scientific American*, June, 98—104.

Drake, S. (1978). *Galileo at Work*. Chicago: Chicago University Press.

Drake, S. and MacLachlan, J. (1975). 'Galileo's discovery of the parabolic trajectory.' *Scientific American*, March, 102—110.

Draper, J. W. (1875). *History of the Conflict between Religion and Science*. New York.

Dray, W. H. (1957). *Laws and Explanations in History*. Oxford: Oxford University Press.

Dray, W. H. (1980). *Perspectives on History*. London: Routledge and Kegan Paul.

Du Bois-Reymond, E. (1886). *Reden*. Leipzig.

Duhem, P. (1905—1907). *Les origines de la statique*. 2 卷, Paris.

Duhem, P. (1906—1913). *Ztudes sur Léonard de Vinci*. 3 卷, Paris.

Duhem, P. (1913—1959). *Le systéme du monde*. 10 卷, Paris.

Duhem, P. (1974). *The Aim and Structure of Physical Theory*. New York: Atheneum. 第一版:Paris, 1906.

Durbin, P. T. , ed. (1980). *A Guide to the Culture of Science, Technology and Medicine*. New York:Free Press.

Edge, D. (1979). 'Quantitative measures of communication in science:a critical review. '*History of Science*, *17*, 102—134.

Edge, D. and Mulkay, M. J. (1976). *Astronomy Transformed. The Emergence of Radioastronomy in Britain*. New York:John Wiley.

Einstein, A. *et al*. (1923). *The Principle of Relativity*. London:Methuen.

Einstein, A. (1933). *On the Method of Theoretical Physics*. Oxford:Clarendon Press.

Einstein, A. (1982). 'How I created the theory of relativity. '*Physics Today*, August, 45—47.

Einstein, A. and Infeld, L. (1938). *The Evolution of Physics*. New York:Simon and Schuster.

Elkana, Y. (1974). *The Discovery of the Conservation of Energy*. London: Hutchison.

Elkana, Y. (1977). 'The historical roots of modern physics.' In Weiner (1977), 197—265.

Elkana, Y. *et al*. , eds. (1978). *Towards a Metric of Science*. New York: John Wiley.

Elliott, C. A. (1974). 'Experimental data as a source for the history of science. '*American Archivists*, *37*, 27—35.

Elzinga, A. (1979). 'The growth of knowledge. 'University of Gothenburg, Department of Theory of Science, Reportno. 16.

Engelhardt, D. (1979). *Historisches Bewusstsein in der Naturwissenschaft*. Freiburg:Alber.

Engels, F. (1886). *Ludwig Feuerbach und der Ausgang der klassischen deutschen Philosophie*. Stuttgart.

Ewald, P. P. (1969). 'The myth of myths: comments on P. Forman's paper.' *Archive for History of Exact Sciences*, *6*, 72—81.

Fang, J. and Takayama, K. P. (1975). *Sociology of Mathematics and Mathematicians*. New York: Paideia.

Feigl, H. and Brodbeck, M., eds. (1953). *Readings in the Philosophy of Science*. New York: Appleton-Century-Crofts.

Fermia, J. V. (1981). "An historicist critique of 'revisionist' methods for studying the history of idea." *History and Theory*, *20*, 113—134.

Feuer, L. (1974). *Einstein and the Generations of Science*. New York: Basic Books.

Feuer, L. (1976). 'Teleological principles in science.' *Inquiry*, *21*, 337—407.

Fichant, M. and Pécheux, M. (1971). *Om Vetenskapernas Historia*. Stockholm: Bo Cavefors(此瑞典文译本译自 *Sur l'histoire des sciences*, Paris: Maspero, 1969).

Figala, K. (1977). 'Newton as alchemist.' *History of Science*, *15*, 102—137.

Figala, K. (1978). 'Newton rationale System der Alchemie.' *Chemie in unserer Zeit*, *12*, 101—110.

Finnochiaro, M. A. (1973). *History of Science as Explanation*. Detroit: Wayne State University Press.

Fisher, C. S. (1966). 'The death of a mathematical theory: a study in the sociology of knowledge.' *Archive for History of Exact Sciences*, *3*, 137—159.

Fisher, C. S. (1967). 'The last invariant theorists. A sociological study of the collective biographies of mathematical specialists.' *European Journal of Sociology*, *8*, 216—244.

Fisher, N. (1982). 'Avogadro, the chemists, and historians of chemistry.' *History of Science*, *20*, 77—102, 212—231.

Fleck, L. (1980). *Entstehung und Entwicklung einer wissenschaftlichen Tatsache*. Ftankgurt: Suhrkamp. Basle, 1935 年首次出版。

Fogh, I. (1921). 'Über die Entdeckung des Aluminiums durch Oersted im Jahre 1825.' *Kongelige Danske Videnskabens Selskab, Matematisk-Fysiske Meddelelser*, III, *14*, 1—17and *15*, 1—7.

Forbes, R. J. and Dijksterhuis, E. J. (1963). *A History of Science and Technology*. 2 卷, Harmondsorth: Penguin.

Forman, P. (1969). 'The discovery of X-rays by crystals: a critique of the myths.' *Archive for History of Exact Sciences*, *6*, 38—71.

Forman, P. (1973). 'Scientific internationalism and the Weimarphysicists.' *Isis*, *64*, 151—178.

Forman, P. (1983). 'A venture in writing history.' *Science*, *220*, 824—827.

Frankel, H. (1976). 'Alfred Wegener and the specialists.' *Centaurus*, *20*, 305—324.

Frängsmyhr, T. (1973—1974). 'Science or history: Georges Sarton and the positivist tradition in the history of science.' *Lychnos*, 104—144.

Galilei, G. (1914). *Dialogues Concerning Two New Sciences*. H. Crew 和 A. de Salvio 译, New York: Macmillan. 1638 年首次出版。

Galilei, G. (1963). *Dialogues Concerning the Two Chief World Systems*. S. Drake 译, Berkeley: University of California Press. 1632 年首次出版。

Galilei, G. (1974). *Two New Sciences, including Centres of Gravity and Force of Percussion*. S. Drake 译, Madison: University of Wisconsin.

Gallie, W. B. (1964). *Philosophy and the Historical Understanding*. London: Chatto and Windus.

Gardiner, P., ed. (1959). *Theories of History*. New York: Free Press.

Gardiner, P. (1952). *The Nature of Historical Explanation*. Oxford: Oxford University Press.

Garfield, E. (1970). 'Citation indexing for studying science.' *Nature*, *227*, 669—671.

Gaston, J. (1971). 'Secretiveness and competition for priority in physics.' *Minerva*, *9*, 472—492.

Giere, R. (1973). 'History and philosophy of science: intimate relationship or marriage of convenience?' *British Journal for the Philosophy of Science*, *24*,

282—297.

Gilbert, G. N. (1978). 'Measuring the growth of science: a review of indicators of scientific growth.' *Scientometrics*, *1*, 9—34.

Gilbert, G. N. and Woolgar, S. (1974). 'The quantitative study of science: an examination of the literature.' *Science Studies*, 4, 279—294.

Gilbert, G. N. and Mulkay, M. (1984). 'Experiments are the key.' *Isis*, *75*, 105—125.

Gillispie, C. C., ed. (1970—1980). *Dictionary of Scientific Biography*. 16卷, New York: Charles Scribner's Sons.

Glass, B., Temkin, O. and Straus, W. L., eds. (1968). *Forerunners of Darwin*: 1745—1858. Baltimore: John Hopkins Press.

Goodman, N. (1955). *Fact*, *Fiction*, *and Forecast*. Cambridge, Mass: Harvard University Press.

Gould, J. D. (1969). 'Hypothetical History.' *The Economic History Review*, *22*, 195—207.

Graham, L. R. (1972). *Science and Philosophy in the Soviet Union*. New York: Alfred A. Knopf.

Graham, L., Lepenies, W. and Weingart, P., eds. (1983). *Functions and Uses of Disciplinary Histories*. Dordrecht: D. Reidel.

Greenaway, F. (1958). *The Biographical Approach to John Dalton*. Memoirs and Proceedings of the Manchester Literary and Philosophical Society, vol. 100.

Greene, M. T. (1982). *Geology in the Nineteenth Century*. Ithaca: Cornellb University Press.

Greene, M. T. (1985). 'History of Geology.' *Osiris (2)*, *1*, 97—116.

Grimsehl, E. (1911). *Didaktik und Methodik der Phsik*. Munich.

Grmek, M. D., Cohen, R. S. and Cimino, G., eds. (1980). *On Scientific Discovery*. Dordrecht: D. Reidel.

Grosser, M. (1979). *The Discovery of Neptune*. New York: Dover.

Guerlac, H. (1961). 'Some Daltonian doubts.' *Isis*, *52*, 544—554.

Guerlac, H. (1963). 'Some historical assumptions of the history of science.'

In Cromvie(1963), pp. 797—812.

Gunter, P. (1971). 'Bergson's theory of matter and modern cosmology.' *Journal of the History of Ideas*, *32*, 525—542.

Hahn, R. (1975). 'New directions in the social history of science.' *Physis*, *17*, 205—218.

Hall, A. Rupert(1963). *From Galileo to Newton*, 1630—1720. London: Collins.

Hall, A. Rupert(1969). 'Can the history of science be history?' *British Journal for the History of Science*, 4, 207—220.

Hall, A. Rupert(1983). 'On Whiggism.' *History of Science*, *21*, 45—59.

Hankins, T. L. (1979). 'In defence of biography: the use of biography in the history of science.' *History of Science*, *17*, 1—16.

Harrison, J. (1978). *The Library of Isaac Newton*. Cambridge: Cambridge University Press.

Hayek, F. A. (1952). *The Counter-Revolution of Science*. Glencoe(Illinois): Free Press.

Heiberg, J. L. (1912). *Naturwissenschaften und Mathematik im Klassischen Altertum*. Leipzig: Teubner.

Heimann, P. M. and McGuire, J. E. (1971). 'Newtonian forces and Lockean powers: concepts of matter in eighteenth-century thought.' *Historical Studies in the Physical Sciences*, *3*, 233—306.

Hempel, G. G. (1942). 'The function of general laws in history.' *Journal of Philosophy*, *39*, 35—48.

Hempel, C. (1965). *Aspects of Scientific Explanation*. New York: Free Press.

Hendrick, R. E. and Murphy, A. (1981). 'Atomism and the illusion of crisis: the danger of applying Kuhnian categories to current particle physics.' *Philosophy of Science*, *48*, 454—468.

Hermerén, G. (1977). 'Criteria of objectivity in history.' *Danish Yearbook of Philosophy*, *14*, 13—35.

Hesse, M. B. (1960). 'Gilbert and the historians.' *British Journal for the Philosophy of Science*, *11*, 1—10, 131—142.

Hiebert, E. N. (1970). 'Mach's philosophical use of the history of science.' In Stuewer(1970), pp. 184—203.

Hill, C. R. (1975). 'The iconography of the laboratory.' *Ambix*, *22*, 102—110.

Hoefer, F. (1842—1843). *Histoire de la chimie*. 2 卷, Paris.

Holton, G. (1969*a*). "Einstein and the'crucial'experiments." *American Journal of Physics*, *37*, 968—982.

Holton, G. (1969*b*). "Einstein, Michelson and the'crucial'experiments." *Isis*, *60*, 133—197.

Holton, G. (1973). *Thematic Origins of Scientific Thought*. Cambridge, Mass: Harvard University Press.

Holton, G. (1978). *The Scientific Imagination: Case Studies*. Cambridge, Mass: Harvard University Press.

Hooykaas, R. (1970). 'Historiography of science, its aim and methods.' *Organon*, *7*, 37—49.

Hooykaas, R. (1973). *Religion and the Rise of Modern Science*. Edinburgh: Scottish Academic Press.

Howson, C., ed. (1976). *Method and Appraisal in the Physical Sciences*. Cambridge: Cambridge University Press.

Hull, D. L. (1979). 'In defence of presentism.' *History and Theroy*, *18*, 1—15.

Hunter, M. (1981). *Science and Society in Restoration England*. Cambridge: Cambridge University Press.

Jacob, J. R. (1977). *Robert Boyle and the English Revolution*. New York: Burt Franklin.

Jaffe, B. (1960). *Michelson and the Speedof Light*. New York: Doubleday & Co.

Jagnaux, R. (1891). *Histoire de la chimie*. Paris.

Jaki, S. L. (1966). *The Relevance of Physics*. Chicago: Chicago University Press.

Jaki, S. L. (1978*a*). *The Origin of Science and the Science of its Origin*. Edinburgh: Scottish Academic Press.

Jaki, S. L. (1978*b*). *The Road of Science and the Ways to God*. Edinburgh: Scottish Academic Press.

Jammer, M. (1961). *Concepts of Mass*. Cambridge, Mass: Harvard University Press.

Jayawardene, S. A. (1982). *Reference Books for the Historian of Science*. London: Science Museum.

Joravsky, D. (1955). 'Soviet views in the history of science.' *Isis*, *46*, 3—13.

Kjølsen, H. H. (1965). *Fra Skidenstræde til H. C. ØrstedInstitutet*. Copenhagen: Gjellerup.

Knight, D. (1975). *Sources for the History of Science*. New York: Cornell University Press.

Knight, D. (1985). 'Scientific theory and visual language.' *Acta Universitatis Upsaliensis*, New Series, *22*, 106—124.

Knott, G. G. (1911). *The Scientific Work of P. G. Tait*. Cambridge.

Koestler, A. (1959). *The Sleepwalkers*. New York: Hutchison.

Koestler, A. (1960). *The Watershed. A Biography of Johannes Kepler*. New York: Doubleday Anchor.

Kohlstdet, S. G. and Rossiter, M. W. eds. (1985). *Historical Writing on American Science*. Philadelphia: History of Science Society (volume 1 of *Osiris*, 2nd series).

Kopp, H. (1843—1847). *Geschichte der Chemie*. 4 卷, Braunschweig.

Koyré, A. (1968). *Metaphysics and Measurement*. London: Chapman and Hall.

Kracauer, S. (1966). 'Time and history.' *History and Theory*, Beiheft 6, 65—78.

Krafft, F. (1976). 'Die Naturwissenschaften und ihre Geschichte.' *Sudhoffs Archiv*, *60*, 317—337.

Kröber, G. (1978). 'Wissenschaftswissenschaft und Wissenschaftsgeschichte.' *Zeitschrift für Geschichte der Naturwissenschaft, Technik und Medizin*, *15*, 63—89.

Kuhn, T. S. (1970*a*). *The Structure of Scientific Revolutions*. Chicago: University of Chicago Press.

Kuhn, T. S. (1970*b*). 'Reflections on my critics.' In Lakatos and Musgrave (1970), pp. 231—278.

Kuhn, T. S. (1977). *The Essential Tension: Selected Studies in Scientific Tradition and Change*. Chicago: University of Chicago Press.

Kuhn, T. S. (1978). Black-Body Theory and the Quantum Discontinuity. Oxford: Clarendon Press.

Kuhn, T. S. (1984*a*). 'Professionalization recollected in tranquility.' *Isis*, *75*, 29—32.

Kuhn, T. S. (1984*b*). 'Revisiting Planck.' *Historical Studies in the Physical Sciences*, *14*, 231—252.

Lakatos, I. and Musgrave, A., eds. (1970). *Criticism and the Growth of Knowledge*. Cambridge: Cambridge University Press.

Lakatos, I. (1974). 'Die Geschichte der Wissenschaft und ihre rationalen Rekonstruktionen.' In Diederich(1974), 55—119.

Laudan, L. (1977). *Progress and its Problem*. London: Routledge and Kegan Paul.

Laudan, R. (1983). 'Redefinitions of a discipline: histories of geology and Geological history.' In Graham, Lepenies and Weingart(1983), pp. 79—104.

Leibniz, G. W. (1849—1863). *Mathematische Schriften*. Berlin.

Lemaine, G. et al., eds. (1976). *Perspectives on the Emergence of Scientific Disciplines*. The Hague: Mouton & Co.

Lenard, P. (1937). *Grosse Naturforscher*. Munich: J. F. Lehman.

Lepenies, W. (1977). 'Problems of a historical study of science.' In Mendelsohn, Weingart and Whitley(1977), 55—67.

Libby, W. (1914). 'The history of science.' *Science*, *40*, 670—673.

Liebig, J. V. (1874). *Reden und Abhandlungen*. Leipzig.

Lilley, S. (1953). 'Cause and effect in the history of science.' *Centaurus*, *3*, 58—72.

Lindholm, L. M. (1981). 'Is realistic history of science possible?' In Agassi and Cohen(1981), pp. 159—186.

Lodge, O. (1960). *Pioneers of Science*. New York: Dover. London, 1893 年首次出版.

Losee, J. (1983). 'Whewell and Mill on the relation between philosophy of science and history of science.' *Studies in History and Philosophy of Science*, *14*, 113—126.

Lovejoy, A. O. (1976). *The Great Chain of Being*. Cambridge, Mass: Harvard University Press. Cambridge, Mass, 1936 年首次出版。

Mach, E. (1960). *The Science of Mechanics: A Critical and Historical Account of its Development*. LaSalle, Illinois: Open Court. Leipzig, 1883 年首次出版。

MacLachlan, J. (1973). "A test of an 'imaginary' experiment of Galileo's." *Isis*, *64*, 374—379.

Mandelbaum, M. (1971). *The Problem of Historical Knowledge*. New York: Books for Libraries Press.

Mann, G. (1980). 'Geschichte als Wissenschaft und Wissenschaftsgeschichte bei Du Bois-Reymond.' *Historische Zeitschrift*, *231*, 75—100.

Manuel, F. E. (1980). *A Portrait of Isaac Newton*. London: Frederick Muller.

Marwick, A. (1970). *The Nature of History*. London: MacMillan.

Marx, K. and Engels, F. (1971). *Karl Marx og Friedrich Engels*. Udvalgte Skrifter. 2 卷, Copenhagen: Tidens Forlag.

McMullin, E. (1970). 'The history and philosophy of science: a taxonomy.' In Stuewer(1970), 12—67.

Meldrum, A. N (1910—1911). *The Development of the Atomic Theory*. Memoirs and Proceedings of the Manchester Literary and Philosophical Society, vols, 54 and 55.

Menard, H. W. (1971). *Science: Growth and Change*. Cambridge, Mass: Harvard University Press.

Mendelsohn, E., Weigart, P. and Whitley, R., eds. (1977): *The Social Production of Scientific Knowledge*. Dordrecht: D. Reidel.

Merton, R. K. (1938). 'Science, technology, and society in seventeenth-century England.' *Osiris*, *4*, 360—632. 重印: New York: Humanities Press, 1978.

Merton, R. K. (1957). 'Priorities in scientific discovery: a chapter in the sociology of science.' *American Sociological Review*, *22*, 635—659.

Merton, R. K. (1975). 'Thematic analysis in science.' *Science*, *188*,

335—338.

Merton, R. K. (1977). 'The sociology of science: an episodic memoir.' In Merton and Gaston(1977), 3—141.

Merton, R. K and Sorokin, P. A. (1935). 'The course of Arabian intellectual development, 700—1300 A. D.' *Isis*, *22*, 516—524.

Merton, R. K. and Gaston. J., eds. (1977). *The Sociology of Science in Europe*. Carbondale, Illinois: Southern Illinois University Press.

Merz, J. T. (1896—1914). *A History of European Thought in the Nineteenth Century*. 4卷, London. 重印: New York: Dover, 1965.

Meyer, E. V. (1905). *Geschichte der Chemie*. Leipzig.

Mikulinsky, S. (1974). 'Alphonse de Candolle's *Histoire des sciences et des savants depuis deux siècles* and its historical significance.' *Organon*, *10*, 223—243.

Mikulinsky, S. (1975). 'The methodological problem of the history of science.' *Scientia*, *110*, 83—97.

Mill, J. S. (1843). *A System of Logic*. 2卷, London.

Moravcsik, M. J. and Murugesan, P. (1975). 'Some results on the function and quality of citations.' *Social Studies of Science*, *5*, 86—92.

Morselli, M. (1984). *Amedeo Avogadro. A Scientific Biography*. Dordrcht: Reidel.

Mullins, N. C. (1972). 'The development of a scientific specialty: the phage group and the origins of molecular biology.' *Minerva*, *10*, 51—82.

Nagel, E. (1961). *The Structure of Science*. London: Routledge and Kegan Paul.

Narin, F. (1978). 'Objectivity versus relevance in studies of scientific advance.' *Scientometrics*, *1*, 35—41.

Nash, L. K. (1956). 'The origin of Dalton's chemical atomic theory.' *Isis*, *47*, 101—116.

Naylor, R. (1974). 'Galileo and the problem of the free fall.' *British Journal for the History of Science*, *7*, 10—134.

Needham, J. (1943). *Time: The Refreshing River*. London: Allen and Unwin.

Newton, I. (1966). *Principia*. Berkeley: University of California Press(Motte 译本, London, 1729 年首次出版).

Nietzsche, F. (1874). *Unzeitgemässe Betrachtungen: Vom Nutzen und Nachteil der Historie für das Leben*. Leipzig.

Nye, M. J. (1981). 'N-rays: an episode in the history and psychology of science.' *Historical Studies in the Physical Sciences*, *11*, 125—156.

Oakeshott, M. J. (1933). *Experience and its Modes*. Cambridge: Cambridge University Press.

Olby, R. C. (1966). *The Origins of Mendelism*. London: Constable.

Olby, R. C. (1979). 'Mendel no Mendelian?' *History of Science*, *17*, 53—72.

Olszewski, E. (1964). 'Periodization of the history of science and technology.' *Organon*, *1*, 195—206.

Ostwald, W., ed. (1889). *Klassiker der Exakten Naturwissenschaften*. Leipaig.

Ostwald. W. (1909). Grosse Männer. Leipzig.

Ørsted, H. C. (1856). *Ånden i Naturen*. Copenhagen. 首次出版: Copengagen, 1851(英文译本: *The Soul in Nature*, London, 1852).

Pais, A. (1982). *Subtle is the Lord. The Science and the Life of Albert Einstein*. Oxford: Oxford University Press.

Partington, J. R. (1939). 'The origin of the atomic theory.' *Annals of Science*, *4*, 245—282.

Paul, H. W. (1976). 'Scholarship versus ideology: the chair of the general history of science at the Collège de France, 1892—1913.' *Isis*, *67*, 376—398.

Pearce Williams, L. (1966*a*). 'The historiography of Victorian science.' *Victorian Studies*, *9*, 197—204.

Pearce Williams, L. (1966*b*). (Letter to the Editor) *Scientific American*, June.

Pearce Williams, L. (1975). 'Should philosophers be allowed to write history?' *British Journal for the Philosophy of Science*, *26*, 241—253.

Pedersen, O. (1975). *Matematik og Naturbeskrivelse i Oldtiden*. Copenhagen: Akademisk Forlag.

Pelling, M. (1983). 'Medicine since 1500.' In Corsi and Weindling (1983), 379—409.

Plamenatz, J. (1970). *Ideology*. London: Pall Mall Press.

Pledge, H. T. (1959). *Science Since 1500*. New York: Harpers.

Poggendorf, J. C. (1863—1976). *Biographich-literarisches Handwörterbuch zur Geschichte der exakten Wissenschaften*. 7 卷, Leipzig: Akademie Verlag.

Popper, K. R. (1961). *The Poverty of Historicism*. London: Routledge and Kegan Paul.

Popper, K. R. (1969). 'A pluralist approach to the philosophy of science.' In Streisler *et al*. (1969), 181—200.

Popper, K. R. (1976). *Unended Quest. An Intellectual Autobiography*. Glasgow: Fontana.

Porter, R. (1976). 'Charles Lyell and the principles of the history of geology.' *British Journal for the History of Science*, *9*, 91—103.

Priestley, J. (1775). *The History and Present State of Electricity*. London. London, 1767 年首次出版。

Pyenson, L. (1977). "'Who the guys were': prosopography in the history of science." *History of Science*, *15*, 155—188.

Pyenson, L. (1982). 'Cultural imperialism and exact sciences.' *History of Science*, *20*, 1—43.

Rainoff, T. J. (1929). 'Wave-like fluctuations of creative productivity in the development of west-European physics in the 18th and 19th centuries.' *Isis*, *12*, 287—319.

Ranke, L. (1885). *Geschichte der romanischen und germanischen Völker von 1494 bis 1514*. Leipzig, 1824 年首次出版。

Reingold, N. (1981). 'Science, scientists, and historians of science.' *History of Science*, *19*, 274—283.

Rescher, N. (1978). *Scientific Progress*. Oxford: Basil Blackwell.

Roller, H. D., ed. (1971). *Perspectives in the History of Science and Tech-*

nology. Norma, Oklahoma: University of Oklahoma Press.

Roll-Hansen, N. (1980). 'The controversy between biometricians and Mendelians: a test case for the sociology of scientific knowledge.' *Social Science Information*, *19*, 501—517.

Rosen, N. (1960). 'Calvin's attitude towards Copernicus.' *Journal of the History of Ideas*, *21*, 431—441.

Ross, S. (1962). 'Scientist: the story of a word.' *Annals of Science*, *18*, 65—86.

Rothman, T. (1982). 'The short life of variste Galois.' *Scientific American*, April, 112—120.

Russell, C. A., ed. (1979). *Science and Religious Beliefs*. Sevenoaks, Kent: Open University.

Sachs, M. (1976). 'Maimonides, Spinoza and the field concept in physics.' *Journal of the History of Ideas*, *37*, 125—131.

Sailor, D. B. (1964). 'Moses and atomism.' *Journal of the History of Ideas*, *25*, 3—16. 重刊于 Russell(1979), 5—19.

Sambursky, S. (1963). *The Physical World of the Greeks*. London: Routledge and Kegan Paul.

Sandler, I. (1979). 'Some reflections on the protean nature of the scientific precursor.' *History of Science*, *17*, 170—190.

Sarton, G. (1927—1948). *An Introduction to the History of Science*. 3 卷, Baltimore: Williams and Wilkins.

Sarton, G. (1936). *The Study of the History of Science*. Cambridge, Mass: Harvard University Press.

Sarton, G. (1948). *The Life of Science*. New York: Henry Schuman.

Sarton, G. (1952). *Horus. A Guide to the History of Science*. Waluham, Mass: Chronica Botanica.

Schaff, A. (1977). *Historie og Sandhed*. Copenhagen: GMT(此丹麦文译本译自:*Historia i Prawda*, Warsaw, 1970).

Schorlemmer, C. (1879). *The Rise and Development of Organic Chemistry*. Manchester.

Schrödinger, E. (1954). *Nature and the Greeks*. Cambridge: Cambridge University Press.

Seeger, R. J. (1965). 'Galileo, yesterday and today.' *American Journal of Physics*, *32*, 680—698.

Segre, M. (1980). 'The role of experiment in Galileo's physics.' *Archive for History of the Exact Sciences*, *23*, 227—252.

Shankland, R. S. (1963). 'Conversations with Albert Einstein.' *American Journal of Physics*, *31*, 47—57.

Shapin, S. (1974). 'The audience for science in eighteenth century Edinburgh.' *History of Science*, *12*, 95—121.

Shapin, S. (1975). 'Phrenological knowledge and the social structure of early nineteenth-century Edinburgh.' *Annals of Science*, *32*, 219—243.

Shapin, S. (1982). 'History of science and its sociological reconstruction.' *History of Science*, *20*, 157—211.

Shapin, S. (1984). 'Talking history: reflections on discourse analysis.' *Isis*, *75*, 125—130.

Shapin, S. and Thackray, A. (1974). 'Prosopography as a research tool in history of science: the British scientific community 1700—1800.' *History of Science*, *12*, 1—28.

Shea, W. R. (1972). *Galileo's Intellectual Revolution*. New York: Science History Publications.

Shea, W. (1977). 'Galileo and the justification of experiments.' In Butts and Hintikka(1977), 81—92.

Shore, M. F. (1981). 'A psychoanalytic perspective.' *Journal of Interdisciplinary History*, *12*, 89—113.

Simonton, D. K. (1976). 'The causal relation between war and scientific discovery.' *Journal of Cross-Cultural Psychology*, *7*, 133—144.

Simonton, D. K. (1984). *Genius, Creativity and Leadership: Historiometric Inquiries*. Cambridge, Mass: Harvard University Press.

Skinner, Q. (1969). 'Meaning and understanding in the history of ideas.' *History and Theory*, *7*, 3—53.

Small, H. G. (1977). 'A co-citation model of a scientific speciality: a longitudinal study of collagen research. ’*Social Studies of Science*, 7, 139—166.

Small, H. G., ed. (1981). *Physics Citation Index 1920—1929*. 2 卷, Philadelphia Institute for Scientific Information.

Snow, C. P. (1966). *The Two Cultures and a Second Look*. Cambridge: Cambridge University Press.

Solla Price, D. J. de(1956). ‘The exponential curve of science. ’*Discovery*, *17*, 240—243.

Solla Price, D. J. de(1963). *Little Science, Big Science*. New York: Columbia University Press.

Solla Price, D. J. de(1972). ‘Science and technology: distinctions and interrelationships. ’In Barnes(1972), 166—180.

Solla Price, D. J. de(1974). *Science Since Babylon*. New York: Yale University Press.

Solla Price, D. J. de(1980). ‘The analytical(quantitative) theory of science and its implications for the nature of scientific discovery. ’In Grmek, Cohen and Cimino(1980), 179—189.

Sorokin, P. A. (1937). *Social and Cultural Dynamics*. New York: American.

Spengler, O. (1926). *The Decline of the West*. London: Allen and Unwin.

Steffens, H. (1968). *Indledning til Philosophiske Forelæsninger*. Copenhagen: Gyldendal. 首次出版: Copenhagen, 1803.

Stephenson, R. (1982). ‘The skies of Babylon. ’*New Scientist*, 19 August, 478—481.

Stern, F., ed. (1956). *The Varieties of History*. New York: Meridian.

Stone, L. (1971). ‘Prosopography. ’*Dædalus*, winter, 46—79.

Streisler, E. *et al.*, eds. (1969). *Roads to Freedom: Essays in Honour of F. A. Hayek*. London: Routledge and Kegan Paul.

Stuewer, R. H., ed. (1970). *Historical and Philosophical Perspectives of Science*. Minneapolis: University of Minnesota Press.

Sudhoff, K. ed. (1910). *Klassiker der Medizin*. Leipzig.

Sullivan, D., White, D. H. and Barboni, E. J. (1977*a*). ‘The state of a science: indicators in the specialty of weak interactions. ’ *Social Studies of Science*, 7,

167—200.

Sullivan, D., White, D. H. and Barboni, E. J. (1977*b*). 'Co-citation analyses of science: an evaluation.' *Social Studies of Science*, *7*, 223—240.

Sullivan, D., White, D. H. and Barboni, E. J. (1979). 'The interdependence of theory and experiment in revolutionary science: the case of parity violation.' *Social Studies of Science*, *9*, 303—327.

Suppe, F., ed. (1977). *The Structure of Scientific Theories*. Urbana, Illinois: University of Illinois Press.

Tannery, P. (1912—1950). *Mémoires scientifiques*. 17 卷, Paris: Gauthier—Villars.

Thackray, A. (1966). 'The origin of Dalton's chemical atomic theory: Daltonian doubts resolved.' *Isis*, *57*, 35—55.

Thackray, A. (1972). *John Dalton. Critical Assessments of his Life and Science*. Cambridge, Mass: Harvard University Press.

Thackray, A. (1974). 'Natural knowledge in a cultural context: the Manchester model.' *American Historical Review*, *79*, 672—709.

Thackray, A. (1978). 'Measurement in the historiography of science.' In Elkana *et al*. (1978), 11—30.

Thackray, A. (1980). 'History of science.' In Durbin(1980), 3—69.

Thom, A. (1971). *Megalithic Lunar Observations*. Oxford: Oxford University Press.

Thomson, T. (1825). *An Attempt to Establish the First Principles of Chemistry by Experiment*. 2 卷, London.

Thomson, T. (1830—1831). *History of Chemistry*, 2 卷, London.

Todhunter, I. (1861). *History of the Calculus of Variations During the Nineteenth Century*. Cambridge.

Todhunter, I. (1865). *History of the Mathematical Theory of Probability*. Cambridge.

Todhunter, I. (1873). *A History of the Mathematical Theories of Attraction and The Figure of the Earth*. Cambridge.

Truesdell, C. (1968). *Essays in the History of Mechanics*. Berlin: Springer-

Verlag.

Truesdell, C. (1980). *The Tragicomical history of Thermodynamics 1822—1854*. Berlin:Springer-Verlag.

Vavilov, S. J. (1947). 'Newton and the atomic theory.' In *Newton Tercentenary Celebrations*. London:Royal Society of London.

Vickers, B., ed. (1984). *Occult and Scientific Mentalities in the Renaissance*. Cambridge:Cambridge University Press.

Vorzimmer, P. J. (1968). 'Darwin and Mendel: the historical connection.' *Isis*, *59*, 77—82.

Walden, P. (1944). *Drei Jahrtausende Chemie*. Berlin:W. Limpert.

Watkins, J. W. N. (1953). 'Ideal types and historical explanation.' In Feigl and Brodbeck(1953),723—743.

Watkins, J. W. N. (1959). 'Historical explanation in the social sciences.' In Gardiner (1959), 503—513.

Weiner, C., ed. (1977). *History of Twentieth Century Physics*. New York: Academic Press.

Wertheimer, M. (1959). *Productive Thinking*. New York:Harper.

Westfall, R. S. (1958). *Science and Religion in Seventeenth-Century England*. New Haven:Yale University Press.

Westfall, R. S. (1976). 'The changing world of the Newtonian Industry.' *Journal of the History of Ideas*, *37*, 175—184.

Westfall, R. S. (1980). *Never at Rest. A Biography of Isaac Newton*. Cambridge:Cambridge University Press.

Weyer, J. (1972). 'Prinzipien und Methoden des Chemiehistorikers.' *Chemie in unserer Zeit*, *6*, 185—190.

Weyer, J. (1974). *Chemiegeschichtsschreibung von Widgleb*(1790)*bis Partington*(1970). Hildesheim:Gerstenberg.

Whewell, W. (1837). *History of the Inductive Sciences*. 3 卷, London. 重印: London:Cass, 1967.

Whewell, W. (1840). *The Philosophy of the Inductive Sciences, Founded upon their History*. 2 卷, London.

Whewell, W. (1867). 'On the influence of the history of science upon intellectual education. 'In Youmans (1867), 163—189.

Whitaker, M. (1979). 'History or quasi-history in physics education. '*Physics Education*, *14*, 108—112.

White, A. D. (1955). *A History of the Warfare of Science with Theology in Christendom*. London: Arco Publishers. New York, 1896年首次出版。

Wightman, W. (1951). *The Growth of Scientific Ideas*. Edinburgh: Oliver and Boyd.

Wohlwill, E. (1909). *Galilei und sein Kampffür die Copernicanische Lehre*. 2卷, Hamburg.

Wolff, M. (1978). *Geschichte der Impetustheorie*. Frankfurt: Suhrkamp.

Wood, P. (1983). 'Philosophy of science in relation to history of science. 'In Corsi and Weindling (1983), 116—135.

Woodall, A. J. (1967). 'Science history - the place of the history of science inscience teaching. '*Physics Education*, *2*, 297—305.

Woolgar, S. W. (1976). 'Writing an intellectual history of scientific development: the use of discovery accounts. '*Social Studies of Science*, *6*, 395—422.

Worrall, J. (1976). 'Thomas Young and the"refutation"of Newtonian optics: a case-study in the interaction of philosophy of science and history of science. 'In Howson(1976), pp. 181—210.

Youmans, E. L. , ed. (1867). *Modern Culture*. London.

Young, T. (1802). 'On the theory of light and colour. '*Philosophical Transactions of the Royal Society of London*, *92*, 12—24.

Yuasa, M. (1962). 'Center of scientific activity: its shift from the 16th to the 20th century. '*Japanese Studies in the History of Science*, *1*, 57—75.

Zirkle, C. (1964). 'Some oddities in the delayed discovery of Mendelism. ' *Journal of Heredity*, *55*, 65—72.

索引

（按汉语拼音排序，数字为英文原版页码，即中文版边码）

C

D

E

F

G

H

J

K

P

Q

S

T